KB242280

식사로 암을 예방한다

와타나베 쇼 지음 | **배정숙** 옮김

"SHOKUJI DE GAN WA FUSEGERU" by Shau Watanabe

Copyright ⓒ Shau Watanabe 2004.

All rights reserved.

Original Japanese edition published by Kobunsha Publishers, Ltd.

This Korean edition is published by arrangement with Kobunsha Publishers, Ltd., Tokyo in care of
Tuttle-Mori Agency, Inc., Tokyo through EntersKorea Co., Ltd., Seoul.

이 책의 한국어판 저작권은 (주)엔터스코리아/Tuttle-Mori Agency를 통한 일본의 Kobunsha
Publishers, Ltd.와의 독점 계약으로 도서출판 사람과책이 소유합니다. 신 저작권법에 의하여 한국
내에서 보호를 받는 저작물이므로 무단전재와 무단복제를 금합니다.

식사로 암을 예방한다

1판 1쇄 발행/ 2005년 1월 11일
1판 2쇄 발행/ 2005년 3월 9일

지은이 __ 와타나베 쇼
옮긴이 __ 배정숙

펴낸이 __ 이보환
펴낸곳 __ 도서출판 사람과책

등록 __ 1994년 4월 20일. 제16-878호
주소 __ 135-080 서울시 강남구 역삼동 605-10 세계빌딩
전화 __ (02)556~1612~4
팩시밀리 __ (02)556-6842
전자우편 __ manbook@hanafos.com

ISBN 89-8117-088-6 13590

※ 잘못된 책은 바꾸어 드립니다.
※ 값은 뒤표지에 있습니다.

식사로 암을 예방한다

와 타 나 베 쇼 지음 | 배 정 숙 옮김

사람과 책

머리말

　식사나 영양이 질병에 대해 얼마나 위력을 발휘하는지 나는 당뇨병 투병을 통해 직접 체험했다.

　동경 츠키지(築地)에 있는 국립암센터 역학부장을 맡고 있던 1994년, 갑자기 체중이 줄고 근육에 탄력이 없어지면서 무기력감을 느꼈다. 췌장암이 의심되어 여러 가지 검사를 한 결과, 최종적으로 당뇨병이라는 진단이 나왔다.

　의대생이었을 때만 해도 산악 동아리 활동 등을 해 병치레와 거리가 멀었던 나는 바쁜 암센터의 업무로 인해 운동하는 일이 거의 없어지고 말았다. 게다가 맛있는 음식을 보면 정신을 못 차리는 터라 직장 근처의 맛있다는 음식점들을 열심히 드나들었다. 체중은 점점 더 늘어갔지만, 바지를 자꾸 늘려 입으면서도 그저 건강한 증거라며 자기 합리화만 했다.

　처음 당뇨병이란 말을 들었을 때는 지금까지의 미식 삼매경(美食三昧境)에 대한 벌인가 싶어 매우 의기소침해하기도 했다. 하지만 먹고 싶은 것을 실컷 먹었으니 남은 인생 동안에는 검소하게 먹을 수밖에 없다 해도 어쩔 수 없다고 각오했다.

평소 입이 닳도록 질병예방을 부르짖는 역학부장이 맨 먼저 생활습관병에 걸리다니! 정말 체면이 서지 않았다. 그래서 나는 내 병을 약을 일체 쓰지 않고서 치료하리라 결심했다.

식사는 정시에 15분 이상 들여 먹고, 하루 1600kcal를 지켰다. 간식은 하지 않고, 주 3회 30분 이상의 운동을 했다. 결과적으로 이런 식의 식사와 운동요법으로 1년 후 13kg을 감량하는 것에 성공함은 물론, 혈당도 정상치로 되돌렸다. 그리고 또 하나 놀라운 변화가 있었다. 어깨 결림이나 다리의 피로, 무좀 등 여러 가지 신체의 다른 문제들도 확실히 해소되었던 것이다. 식사나 운동은 건강을 유지하는 것만이 아니라 질병으로부터 몸을 회복시키는 데 있어서도 중요하다는 사실을 실감할 수 있었다.

단, '질병이 치료되다' = '건강한 몸으로 되돌아가다'는 아니다. 나는 당뇨병에 걸린 지 10년이 지났지만, 지금도 술을 마시거나 먹고 싶은 것을 한껏 먹거나 하면 혈당치가 300mg/dL 이상이 된다. 그러므로 당뇨병성 망막증, 신장병, 동맥경화와 같은 합병증을 억제해 건강한 몸을 유지하려면 이후에도 계속적인 식사 제한과 운동은 필수다.

암 역시 절반 정도는 치료하게 되었다고들 한다. 그러나 의사가 말하는 '암이 치료되었다'는 환자가 '죽지 않는다'는 뜻인 반면, 환자는 '암이 치료되었다'는 말을 '원래의 건강체로 되돌아간다'는 뜻으로 받아들이고 있다. 수술을 해서 어딘가를 절제한다는 것은, 죽지 않는 대신 신체에 크든 작든 장애를 가지고 생명을 연명하는 것을 의미한다.

예를 들어, 후두암 수술을 받아 무사히 살아남을 수 있었다 해도 목에 구멍이 뚫려져 있기 때문에 무신경하게 샤워를 하면 뜨거운 김이 기관지로부터 폐로 들어가 질식하고 만다. 결국 허리를 적시는 정도에서 참는 수밖에 없다. '아아, 담배를 끊고 야채를 좀더 먹어두었더라면 좋았을걸' 하며 후회해도 때는 이미 늦은 일이다. 암을 예방할 수 있는 방법이 계속해서 밝혀지고 있는 만큼 그것을 받아들이는 것이 현명하다. 그리고 그러기 위해서는 금연과 함께 무엇보다도 현명한 식품 선택이 중요하다.

내가 '대부분의 암은 식생활로 예방할 수 있다'고 단언해도 독자 여러분은 쉽게 믿지 못한 채 반신반의할 것이다. 대부분의 사람들은 보통 암과 관련하여 의사로부터 수술을 권유받으면 '가망이 없는 건가?' 하는 생각을 먼저 한다. 그리고 그보다 더 큰 착각은 수술로 치료가 돼서 건강한 몸으로 되돌아갈 수 있다는 식으로 생각하는 것이다. 사람들이 이 책을 통해 식품이 갖고 있는 다양하고도 강력한 암 예방 효과를 앎과 동시에 그와 같은 암에 대한 세간의 일반상식을 꼭 뒤집어주었으면 좋겠다.

내가 이 책을 집필하고자 결심한 계기에는 혼자 힘으로 당뇨병을 억제한 체험을 통해 식생활의 중요성을 다시금 깨달은 것 외에 또 한 가지가 있다. 1991년 이래 미국에서는 암 사망률이 계속 저하되고 있다는 사실이다. 일찍이 암 사망자 수에 브레이크를 거는 것은 물론, 감소시키는 데 성공한 나라는 전무했다. 따라서 암에 대항해 확실한 쾌거를 이루어낸 미국처럼 본래 암 예방은 국책(國策) 중 하나가 되지 않는 한, 국민의 건강에 실제적으로 도움이 되기는 어렵다.

그렇다면 국가적 차원의 암 대책을 기다리지 말고 우리들 한 사람 한 사람이, 오늘부터 실행할 수 있는 암 예방 식생활을 확대해나가야 하지 않을까 하는 것이 내 생각이다. 그래서 이 책 속에는 병리학, 역학, 영양학 등 암 연구과 관련하여 40년 동안 쌓아온 나의 식품과 암에 대한 지식이 응축되어 있다.

끝으로, 많은 신세를 진 누마지리 유키코(沼尻由起子)에게 이 자리를 빌어서 감사의 뜻을 표한다.

2004년 따뜻한 봄날 | 와타나베 쇼(渡邊 昌)

목차

제 3 장 | 미국과 일본의 대암(對癌) 전략   67

제4장 | 위험을 증가시키는 식품, 위험을 감소시키는 식품 101

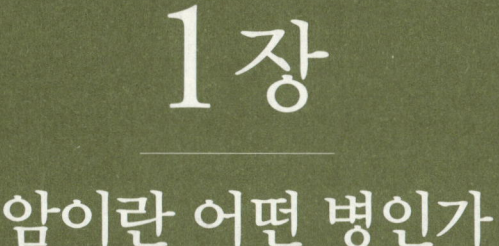

1장

암이란 어떤 병인가

단, 여기서 주의해야 할 점은 치료성적이 좋은 위암이나

유방암조차 진행암은 예외 없이 난치암이라는 사실이다.

암의 무서운 점은 전이나 재발 등으로 인해 암이 확대되

면 회복 가능성이 거의 제로가 된다는 것이다.

너무나 흔해진 암

암은 1981년 이래 뇌혈관 질환(뇌경색, 뇌출혈, 지주막하 출혈)을 제외하고 일본인 사망원인 1위를 계속 차지하고 있고, 지금도 사망률, 발생률 모두 감소할 조짐을 보이지 않고 있다. 2001년에는 30만 명이 넘는 사람들이 암으로 사망해 현재 일본인 3명 중 1명은 암으로 사망하고 있다. 게다가 매년 암 진단을 받는 신규환자 수도 60만 명에 이른다.

이 책을 읽게 된 독자 여러분도 아마 암이 흔한 병이라는 것을 절실히 느낄 것이다. 특히 암으로 인한 사망이 문제가 되는 이유는 사회적으로나 가정적으로나 책임이 커지는 35~64세까지의 연령층 중 대략 반수가 암으로 사망하고 있다는 사실 때문이다. 나 역시 저명한 출판사의 50대 모 편집장 등, 보름 사이에 지인이나 친구의 애석한 소식을 네 번이나 접했다. 모두 위암, 식도암, 간암, 후두암 등 암으로 인해 귀한 생명을 잃은 사람들이었다.

따라서 이 장에서는 암 전략을 세우는 데 있어 필요한, 암에 대한 기본적인 사항을 살펴보고자 한다. 적을 알고 나를 알면 백전백승이다.

비싼 암 진료비

일본 의학은 비약적으로 발전하여 현재 암의 경우 조기에 발견하면 90% 이상은 고칠 수 있는 시대가 되었다. 하지만 그렇다고 해도 일단 암에 걸리면 개인의 경제적 부담이 매우 무겁게 지워진다.

2001년 암 치료비는 국민 의료비 중 최고로, 2조 7400억 엔에 이르렀다. 그리고 10년 남짓 동안 2배나 증가한 암 치료비는 일본의 의료비 팽창요인도 되고 있다. 건강보험의 적자는 매년 증가하는 반면, 국민소득의 신장은 미미한 터라 암에 걸리는 것은 그 자체만으로도 두려운 일인 것이다.

실제로 한창 일할 시기의 남성이 암에 걸리면 1번의 수술에 100만 ~200만 엔이나 들어 의료비는 한 해 500만 엔을 가볍게 초과할 것으로 예상된다. 더욱이 50대 중반인 단괴의 세대(역자 주 : 제2차 세계대전 직후 수년 간의 베이비 붐 때 태어난 세대를 이르는 말)가 연금수급자가 되는 2010년까지는 이 650만 명 세대에게 줄 연금급부도 거의 확실히 묶여 있게 된다. 그렇다면 연금도 받지 못하는 현 상황에서 누가 암으로부터 자신의 몸을 지켜줄 것인가? 정부나 기업이 아니라 우리들 개개인이 자신을 돌볼 수단을 강구할 필요가 있음은 말할 필요도 없다.

어떤 암이든 진행되면 난치암이 된다

지금은 조기 발견에 의해서 90% 이상은 암으로 인한 사망을 면할 수 있다고 하지만, 이 통계가 모든 암에 적용되는 것은 아니다.

어떤 암이라도 치료를 받은 후의 예후가 문제다. 병후(病後)의 경과가 바람직하지 않고 치료성적이 나쁜 암을 '난치암'이라고 하는데, 예를 들면 폐암, 간암, 췌장암 등이 치료하기 어려운 대표적인 암이다.

단, 여기서 주의해야 할 점은 치료성적이 좋은 위암이나 유방암조차 진행암은 예외 없이 난치암이라는 사실이다. 암의 무서운 점은 전이나 재발 등으로 인해 암이 확대되면 회복 가능성이 거의 제로가 된다는 것이다.

암의 진행 상태는 병리에서 암 부위를 검사한 후 스테이지(病期)에 따라서 판단할 수 있다. 스테이지는 일반적으로 I, II, III, IV의 4단계로 나눌 수 있으며, TNM 분류에 의해서 진행 정도를 파악할 수 있다. TNM이란, T(종양의 크기), N(림프관 전이), M(장기 전이)으로, 이들 3가지가 암의 예후를 결정하기 때문에 암의 스테이지를 알면 5년 생존율 예측도 가능하게 된다.

5년 생존율은 치료를 받은 후 5년째에 살아남을 수 있는 확률로, 암 치료에 있어서 하나의 기준이 되는 것이다. 암의 치료성적은 이 5년 생존율로 평가받는 경우가 많다.

그럼 치료성적이 좋은 위암의 경우를 살펴보자.

T1, T2, T3, T4는 종양의 깊이(침투 정도)를 가리킨다. T1의 경우는 종양이 점막에 있는 상태, T2는 근육층까지 확대되어 있는 상태, T3는 근육층을 넘은 상태, T4는 인접 장기로까지 번져나간 상태를 뜻한다.

또한 N0, N1, N2, N3는 림프절 전이의 정도를 의미한다. 암은 림프관을 매개로 해서 림프절로 점차 확대되어 가기 때문에 전이가 있는 림프절을 수술로 전부 제거하는 것이 중요하다. N0은 림프절 전이가 없는 상태, N1은 국소 림프절 전이뿐인 상태, N2는 이미 원격 림프절까지 약간 전이된 상태, N3은 좀더 많이 원격 림프절로 전이된

상태를 뜻한다. 이런 식으로 장기와 암의 부위에 따라서 스테이지가
정해지고 있다.

3년 생존율의 비교

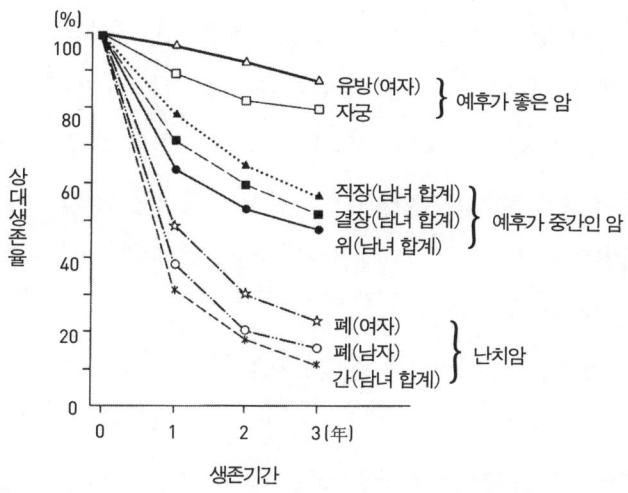

암
이
란
어
떤
병
인
가

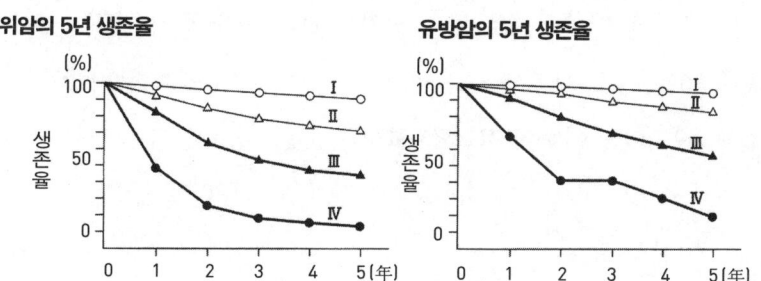

그림 1-1 | 암의 치료성적

암의 종류에 따라서 예후가 다르다.
같은 암이라도 진행 단계에 따라서 5년 생존율에 차이가 생긴다.

어떤 환자의 종양 깊이(침투 속도)가 T2고, 림프절 전이가 N2라면 이 2가지가 합치되는 곳이 III로, 위암의 진행도는 스테이지 III임을 자동적으로 알 수 있다.

스테이지마다의 5년 생존율은 전국 장기 암 등록 등의 데이터로부터 산출할 수 있다. 그것을 그래프화한 것이 '위암의 5년 생존율'로, 스테이지 I에서는 치료 후 5년째의 생존율이 90%를 넘고 있다.

그러나 스테이지 IV가 되면 위암의 생존율은 12 ~ 13%다. 유방암의 경우에서도 스테이지 I의 5년째 생존율은 90% 이상이지만, 스테이지 IV에서는 위암과 마찬가지로 치료 직후부터 생존율이 급강하하여 20% 이하까지 저하된다.

이처럼 예후가 나쁜 스테이지 IV가 진행암이고, 난치암이다. 따라서 '암을 조기에 발견할 수 있으면 90% 이상이 치료된다'는 말은 스테이지 I의 조기 암에 해당되는 데 지나지 않는다.

덧붙이자면, 일반적으로 치료 후의 경과가 좋은 조기 암의 5년 생존율은 80% 이상, 예후가 중간인 것은 50% 전후, 예후가 나쁜 진행암(난치암)은 20% 이하이다(그림 1-1).

불구자로서의 생환

진행암, 난치암은 물론, 스테이지 I의 조기 암에서조차 수술 등의 치료로 생명을 구할 수 있었다 해도 그것은 불구자로서의 생환이란 사실을 명심해야 한다. '불구자'란 말이 다소 지나친 표현일 수도 있겠지만, 우선은 현실을 직시할 필요가 있다.

나의 형의 경우를 예로 들어보자. 형은 S상 결장암으로 장을 20cm 정도를 절제한 것만으로도 변통(便通) 조절을 전혀 하지 못한다. 언제 변의가 올지 모르고 배설을 참을 수 없기 때문에 통근 도중의 역 화장실이 어디에 있는지를 모두 기억해두지 않으면 안된다. 급하면 아무 곳으로나 뛰어들어가야 하는 매일을 보내고 있는 것이다. '암만큼은 암에 걸린 사람이 아니면 모른다' 는 말을 하는 것은 몸이 자유롭지 못함으로 인한 불편함, 분노, 후회, 고통 등이 한데 섞인 상황 때문임에 틀림없다.

최근에는 환자의 QOL(Quality of Life, 생활의 질)이 중시되면서 조기 암에서는 축소수술이 이루어지고 있다. 유방암의 경우에도 가능한 한 암을 작게 절제해서 환자의 심리적인 부담을 줄이도록 배려하고 있다. 하지만 그렇다고 해도 여성에게 있어서 유방은 중요한 상징이다. 아무리 나이를 먹었다 해도 유방을 절제하는 것에 대한 충격은 헤아릴 수 없을 만큼 큰 것이다. 유방을 잃은 어떤 저명인사는 '유방암 환자 모임' 을 만들어 유방암 환자들끼리 서로 돕는 일을 도모하고 있다고 들었다.

이렇듯 암은 육체뿐만 아니라 심리에도 장해를 남기는 병인 것이다.

런던에서 본 실감나는 암 밀랍모형

암은 현대인에게 생긴 특유한 질병으로 생각할 수 있지만, 그 역사는 오래되어 고대 그리스 시대에 이미 존재하고 있었다. 원래 영어에서 말하는 'Cancer(암)'의 어원은 그리스어로, '게(Crab)'를 가리킨다. 의술의 아버지로 칭송되는 히포크라테스는 암으로 의심되는 부위가 게의 형태를 떠올리게 한다고 해서 '카르키노스(게)'라 했다고 한다. 확실히 유방암이 진행되면 피하의 림프관을 따라서 암이 확대되는데, 마치 유방에 달라붙은 게가 사방팔방으로 발을 뻗치고 있는 것처럼 보인다.

그렇게 바로 알아볼 수 있을 만큼 성장한 암의 모습을 실제로 볼 기회가 있었다. 일전에 방문했던 런던의 가이 병원이라는 유서 깊은 교육연구병원에서의 일이다. 이 병원은 1722년 서적상인 토마스 가이 (1644~1724)가 설립한 것으로, 그후 병리과 의사인 토마스 호지킨 (1798~1866)이 병리박물관을 증설하였다. 악성 림프종인 호지킨병은 바로 그의 이름을 딴 것이다. 박물관은 중앙이 넓으면서 중간 천정이나 마루 없이 꼭대기층 천정까지 뚫려 있는 형태로, 지하 1층에서부터 지상 4~5층까지의 둘레에 회랑이 연결되어 각각의 선반에 기형아나 수술표본, 암의 정교한 밀랍모형 등의 표본이나 해부도가 잘 진열되어 있다.

그림의 대부분은 빅토리아 여왕이 즉위하면서 '해가 뜨는 나라'라 할 만큼 세력이 컸던 대영제국이 동아시아로도 식민지를 넓혔던 19세기에 중국에서 확인한 병을 재현한 것으로, 모두 매우 사실적이다. 가령 자궁근종의 그림은 큰 덩어리를 꽉 안고 있는 것 같은 생생한 모습인데, 이 정도로 진행된 양성 종양은 지금은 좀체 찾기 힘들다. 그 시대에는 혹부리 영감 같은 사람도 드물지 않았을 것이다. 물론 현재 일본의 의료수준은 높아서 자궁근종과 같은 양성 종양도 작을 때 절제하고 있다. 외과수술이 발달하지 않았던 시대의 암은 보기에도 무서워 한자로 왜 '암(癌)'이라 하는지 그 이유를 납득하게끔 만든다.

'癌'이라는 문자의 유래

종양은 치료 방침상 보통 악성 종양과 양성 종양으로 나누어 생각할 수 있는데, 일반적으로 말하는 '암'은 악성 종양을 전반적으로 가리킨다.

종양을 네오플라즘(Neoplasm)의 직역이라고도 할 수 있는 '신생물(新生物)'로 말하고 표기하는 경우도 있지만, 이 번역은 인정할 수 없다. 우주에서 온 에일리언이 인간에게 기생하는 듯한 병의 이미지를 주는 데다가 무엇보다도 '암(癌)'이라는 일본어가 메이지(明治) 시대에 이미 만들어져 있기 때문이다.

'癌'은 중국에서도 사용되고 있지 않은 한자로, 일본이 독자적으로 만든 조어(造語)다. 메이지 시대 때 암이라고 하면, 가이 병원에 있던 밀랍모형처럼 손으로 만지면 동글동글하니 단단한 덩어리를 느낄 수 있는 것이 대부분이었다. 그래서 암 연구소 소장으로 요시다(吉田) 육종을 만들어낸 병리학자 요시다 도미조(吉田富三, 1903~1973) 등이 '바위처럼 단단해서 이러지도 저러지도 못하는 병'이라는 점에서 메이지 시대의 '암(癌)'이란 한자를 대응시킨 것이다. 병질 엄(疒)은 병을 가리키고, 음을 나타내는 '嵒(암)'은 단단한 덩어리를 의미하는 '巖(바위 암)'에서 유래한다.

제2차 세계대전 이후 미국으로부터 'Cancer'라는 말이 전해지자 Cancer를 히라가나의 '간(がん)'에 적용하고, 여기에 백혈병, 육종, 암종과 같은 악성 종양을 모두 포함시키자고 제안한 사람이 국립암센터 이시가와 시치로(石川七郞) 전 총장이다.

이시가와는 게이오(慶應) 의과대학에서 폐 외과를 전공한 후 전쟁이 끝날 즈음에는 필리핀 야전병원에서 활약했다. 이후 포로가 되어 미 국군병원에서 일하는 동안, 폐 외과의 최신 수술법 등을 익혀서 귀국했다. 그 당시 일본의 폐 질병 치료법은 너무나 엉성해서 결핵을 치료할 때 흉막강(胸膜腔)에 공기를 주입하는 기흉(氣胸)요법을 실행하는 정도였다. 그러므로 암에서 폐의 절제를 완전히 가능케 한 데는 이시가와의 공적이 매우 크다.

주위의 제자도 우수한 사람들뿐이다. 스에마스 케이이치(末舛惠一, 현 제생회(濟生會) 병원 원장)의 폐 외과수술은 독보적이고, 이케다 시게히토(池田茂人)는 폐암 진단시 사용하는 내시경의 일종인 기관지경(氣管支鏡)을 발명했다. 또한 하세가와 히토시(長谷川仁)도 아이디어맨이었다. 손으로 혈관을 찾으면서도 간(肝)이 포도송이 같은 소엽(小葉) 단위로 되어 있음을 발견, 소엽 단위로 절제해가는 새로운 수술법을 생각해낸 것이다. 당시 국립암센터에는 총장을 비롯하여 그런 대단한 사람들이 모여 있었다.

현재 '암'이 악성 종양을 가리키게 된 것도 국립암센터에서 부르기 시작한 호칭이 보급된 성과다. 단, 학술논문 등에서는 악성종양 중에서 체표(體表)나 상피세포(上皮細胞, 피부나 내장 등을 덮는 세포)로부터 발생하는 암인 암종(癌腫)도 위암이나 폐암처럼 정식으로 '상피내암'이라 지칭한다.

한번 암에 걸리면 '다중암(多重癌)'이 되기 쉽다

악성 종양과 양성 종양의 차이는 단적으로 말하면, 후자는 방치해 두어도 생명과 상관이 없는 것으로 그다지 걱정할 일이 없는 종양이라는 것이다. 주위의 조직을 파괴하지 않고, 전이되는 일도 없다. 반면, 악성 종양은 생체의 통제를 벗어나 암세포가 주위의 조직을 망가뜨리면서 스며들듯 퍼져나가 제멋대로 증식한다. 뿐만 아니라 혈액이나 림프액을 타고 다른 장기로 전이되면서 계속해서 새로운 암둥지(癌巢)를 만든다. 그리고 다른 정상적인 조직이 필요로 하는 영양까지 빼앗아 암세포가 증식하기 때문에 몸을 쇠약하게 만든다.

그런데 최근 암(악성 종양) 치료성적이 좋아짐에 따라서 새로운 문제가 드러났다. 다중암, 또는 2차 암의 출현이다.

다중암이란, 전이나 재발이 아니라 한 사람에게 하나 이상의 암이 생긴 경우를 말한다. 다중암은 동시에 발견되는 경우가 있는가 하면 몇 년이나 지난 뒤에 발견되는 경우도 있다. 또한 같은 장기에 생기는 경우(다발성 암)도 있고, 다른 장기에 생기는 경우(중복암)도 있다. 다중암에서는 일반적으로 두번째 암을 2차 암, 세번째 암을 3차 암이라고

칭한다.

일단 암에 걸린 환자는 그것만으로 2차 암 발생의 고위험도군이라고 할 수 있다. 게다가 두 번째 암이나 세 번째 암의 치료는 매우 힘들다. 따라서 예방이 가장 중요하다.

일본인의 사인은 감염증에서 3대 성인병의 추세로 가고 있다

1899년부터 2001년까지의 일본의 주요 사인별 사망 수를 그래프화해 보면, 1940년에는 결핵, 폐렴, 뇌혈관질환(뇌경색, 뇌출혈, 지주막하출혈)이 일본인의 3대 사인으로 되어 있다(그림1-2).

실제로 국민병이었던 결핵은 메이지 시대부터 1940년대 후반 무렵까지 일본인에게 많이 볼 수 있었던 감염증이었다. 그런데 이것이 영양개선과 위생개념, 특효약의 발견으로 제2차 세계대전 이후 급속도로 감소하게 되었다. 이런 과정을 거쳐 일본인의 주요 사인은 감염증에서 이른바 3대 성인병(뇌졸중, 암, 심장병)이라 일컫는 질병들로 바뀌었다.

이 중에서도 암 사망자 수의 증가경향은 두드러진다. 그래프가 나타내고 있는 것처럼 1950년 이후 암 사망자 수는 급커브를 그리며 1981년에는 뇌혈관 질환을 추월하여 일본인 사인 중 최고가 되었고, 현재에 이르고 있다. 2000년 암 사망자 수는 29만 5484명(남성 17만 9140명, 여성 11만 6344명), 인구 10만 명당 사망자 수는 235.2명으로, 총 사망자 수의 30.7%에 달한다.

감소하고 있는 암

1950년부터 2001년까지 암 부위별 사망률의 변화를 살펴보면 주요 암의 증감추세를 확연히 알 수 있다. 우선 눈에 띄는 것은 남녀 모두 위암 사망률이 대폭 저하하고 있다는 사실이다. 남성의 경우는 1993년에 폐암 사망률이 위암 사망률을 상회하여 이후 사망률 1위 암은 폐암이다.

위암 사망률의 저하에는 뇌졸중을 방지하기 위해 1955년경에 시작된 저염식의 권장으로 인한 식염 섭취량의 감소나 위암 검진의 보급이 한몫을 했다고 할 수 있다.

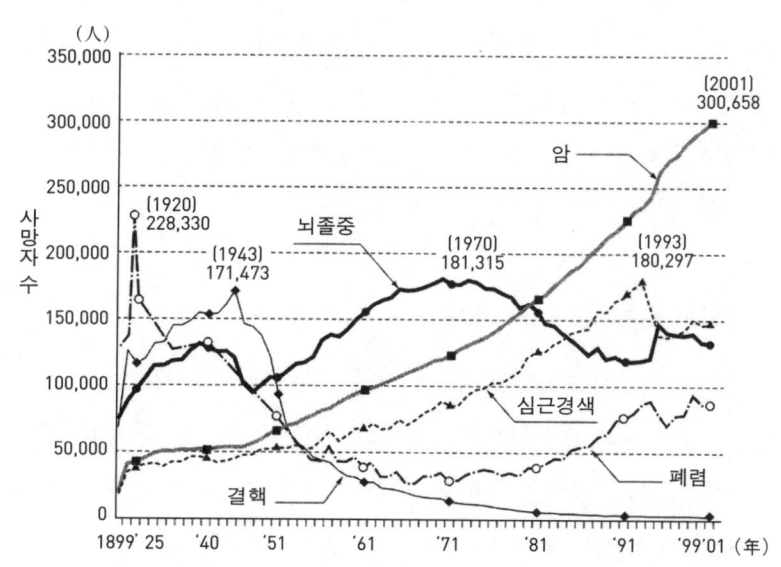

그림 1-2 | 주요 사인별 사망자 수의 변화

여성의 경우, 위암과 더불어 자궁암 중에서도 자궁경부암의 감소가 현저하다. 그 한 요인은 위생상태의 개선이다. 의외로 잘 알려져 있지 않지만, 사실 자궁경부암은 성감염증 중 하나이기도 하다. 인간 유두종 바이러스(Human Papilloma Virus)라는 바이러스가 성교에 의해서 감염되면 예비암 상태가 된다고 할 수 있으며, 나아가 흡연 등 다른 위험요인이 합세하면 암에 걸리는 것이다.

자궁경부암은 후진국에 많아 남미 아마존 유역 등 자궁경부암이 많은 지역에서는 남녀가 교대로 인간 유두종 바이러스를 주고받기 때문에 음경암도 드물지 않다. 음경암은 내가 의대생일 무렵에도 한 달에 한 번 정도밖에 보지 못했는데, 지금 일본에서는 연간 한 번의 예도 찾을 수 없다. 가정 내 욕실이나 샤워기, 비데 변기 등이 보급되면서 점막의 더러움이 쌓이기 쉬운 부분도 청결하게 유지할 수 있게 된 것이 일본의 자궁경부암 감소에 공헌했다고 할 수 있다.

증가하고 있는 암

감소하고 있는 암에 반해, 증가경향을 나타내고 있는 것이 폐암, 대장(결장과 직장)암, 남성의 전립선암, 여성의 유방암 등이다. 폐암의 경우에는 과거의 높은 흡연율과 관련되어 영향을 끼치고 있겠지만, 대장암, 전립선암, 유방암은 모두 일본인의 식생활 서구화와 크게 관련되어 있다.

사람들이 육류 등의 동물성 지방을 많이 섭취하게 된 반면, 야채나 해조류 등과 같이 식물섬유가 풍부한 식품의 섭취가 줄어든 점이 이들 암의 증가에 박차를 가하고 있는 것이다. 실제로 서구에서는 대장암, 전립선암, 유방암의 사망률이 여전히 높은데, 일본인의 암 사망경향은 이러한 서구의 경향을 띠어왔다고 할 수 있다.

2001년 현재 부위별로 살펴본 암 사망률은, 남성은 1위가 폐암, 2위가 위암, 3위가 간암, 4위가 대장암이고, 여성은 1위가 위암, 2위가 대장암, 3위가 폐암, 4위가 간암, 5위가 유방암이다.

츠쿠마 히데아키(津熊秀明) 등은 후생성(厚生省, 우리나라의 보건복지부와 노동부를 합친 기관) 암 연구 조성금에 의한 '지역 암 등록' 연구반의 데이터에 근거해서 2015년까지의 암 이환율(罹患率, 역자 주 : 일정한 기간[일반적으로 1년] 내에 발생한 환자 수를 그에 대응하는 인구로 나눈 비율. 질병 발생률이라고도 한다)을 추정해보았다. 그에 따르면, 2015년에는 남성의 경우에 대장암이 폐암과 위암을 누르며 암 이환율 1위가 되고, 2위는 폐암, 3위는 위암, 4위는 간암, 5위는 전립선암이 그 뒤를 잇고 있다.

한편, 여성의 경우는 2005년까지는 대장암이 암 이환율의 톱을 차지할 전망이다. 아울러 2015년에는 2001년 시점에서 5위였던 유방암이 2위까지 부상하고, 3위가 위암, 4위가 폐암, 5위가 간암의 순서이다. 미래에 유방암의 급증은 피할 수 없을 것 같다.

암 발생요인의 70%나 차지하는 식습관과 담배

세계적으로 유명한 역학자 중 한 명이 영국의 리차드 돌 박사다. 오랫동안 암 발생에 대한 역학적 해명에 전념한 점을 인정받고 기사 작위를 수여받아 정식으로는 리차드 돌 경(卿)이라 불리고 있다.

이 돌 박사와 리차드 피트 박사가 미국 국립위생연구소의 의뢰를 받아 1981년에 암 발생요인의 비율을 추계했다. 그에 따르면, 식생활(식품)이 실제로 35%로 상승했고, 이하 담배(30%), 감염증(10%), 출산·성생활(7%), 직업(4%), 알코올 등의 순으로 이어졌다(그림1-3). 식생활, 흡연, 알코올만으로도 암 발생요인의 약 70%를 차지한다는 사실에서 암이 평소의 식습관, 흡연과 얼마만큼 깊이 연관되어 있는지 납득할 수 있다.

실제로 일본에서 앞으로 계속 증가할 암의 대부분은 고지방식, 식물섬유의 낮은 섭취량, 지나친 육식, 과음 등이 원인이 되고 있어서 일본인의 식생활 서구화와 궤를 같이 하고 있다.

일본인은 원래 위암을 제외하고는 세계적으로 암 발생률이 낮은 민족에 속한다. 결장암이나 유방암, 전립선암 등은 서구 백인의 1/3 정도이다. 이렇듯 일본인에게 암 발생률이 낮은 것은 오랫동안 이어져 온 전통식(和食) 덕분으로, 미국이나 유럽에서도 일본의 전통적인 식생활에 주목하여 동물성 지방을 줄이고 야채나 생선의 섭취를 권장하고 있다. 그렇지만 현실적으로는 젊은이들의 식생활이 서구화되어가고 있는 추세이다.

지방을 과다섭취하면 암의 발생에 악영향을 미쳐 결국 대장암과 유방암을 증가시키게 된다. 그런 의미에서 남녀 모두 2015년 암 이환율 1위 암이 대장암이 되고, 여성의 경우에 2위가 유방암이 될 것으로

추정되는 결과는 이러한 서구식 식생활로 바뀌는 데 따른 위험성을
여실히 말해주고 있다.

사망 수

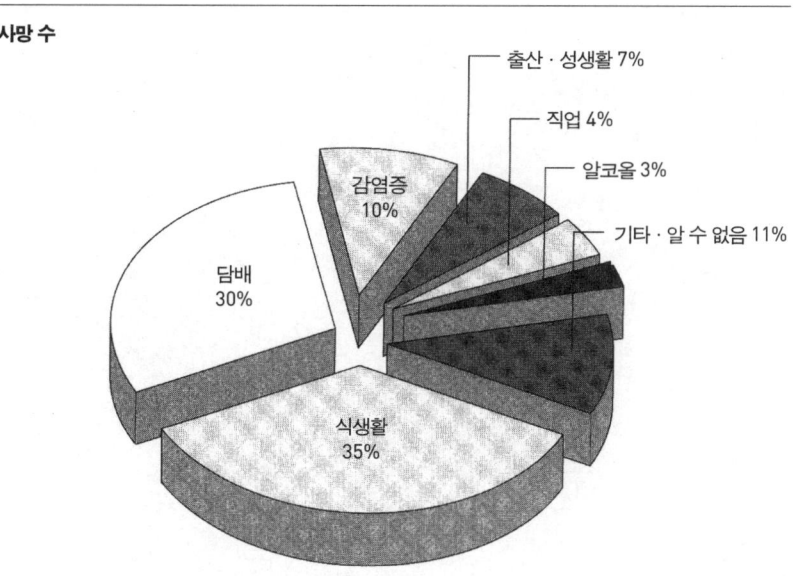

그림 1-3 | 암의 발생요인(돌 박사 팀의 조사)

식습관과 담배가 암 발생요인의 70%나 차지하고, 암이 식습관과 관계 깊은 병 중 하나임을 알 수 있다.

2장

식생활이 관건인 8개 암

전립선암의 진행은 느린 것이 특징으로, 자각증상이 없을 때 정기적인 검진을 받는 것이 중요하다. 또한 역학적으로는 육류의 과다섭취와 야채의 부족이 위험요인임이 알려져 있다. 따라서 야채를 많이 섭취함과 동시에 동물성 지방의 섭취를 줄임으로써 예방하는 것이 중요하다.

암은 어떻게 생기는가

식생활의 변화가 위암이나 대장암의 발생을 증가, 또는 감소시키는 것을 보아도 알 수 있듯이 암은 일상의 생활습관과 깊은 연관성을 갖고 있다. 결코 원인불명의 병은 아닌 것이다. 평소의 라이프스타일이 어떤가에 따라서 예방이 가능한 대표적인 생활습관병 중 하나라 할 수 있다.

이 장에서는 암이라는 병이 어떻게 생기는지를 이해한 후에 식생활과 관련된 8개 암의 치료법과 예방법을 확실히 살펴보기로 한다.

우선 암 발생의 메커니즘을 알아보자.

인간의 몸은 약 60조 개나 되는 세포로 구성되어 있다. 각각의 세포는 종류에 따라서 다르지만 며칠마다 분열하고, 그때 세포의 핵을 만나 유전자 본체인 DNA(Deoxyribonucleic Acid, 디옥시리복핵산)의 고리가 정확히 복사된다. 한편, 발암물질이나 활성산소(산소 라디컬), 바이러스 등으로 인해 DNA에 상처가 생기면 전문효소가 그것을 복원해 준다. 잘 복원하지 못한 경우에는 세포가 죽는 경우가 많지만, 만약 살아남으면 분열할 때마다 DNA의 상처 수가 점차 늘어가게 된다. 그리고 이 상처가 중요한 유전자에 일어나면 암 발병이 개시된다.

세포가 암으로 진행되는 것은 우리들 누구나가 갖고 있는 암 유전자와 암 억제 유전자의 고장 때문이다. 인간의 세포에는 약 3만 4000개의 유전자가 있다. 이 중 암 유전자와 암 억제 유전자의 수는 각각 수십 개 정도다.

암 유전자가 갑자기 변이에 의해서 활성화되면 자동차의 엑셀과 같은 역할을 담당하며 세포를 증식시킨다. 반면, 암 억제 유전자는 말하자면 차의 브레이크와 같아서 증식을 중지시켜 분화시키는 유전자라 할 수 있다. 그러나 엑셀이든 브레이크든 간에 부품이 망가지면 차를 가속시키거나 정지시킬 수가 없다. 마찬가지로 발암물질이나 프로모터(Promoter)라 불리는 발암촉진물질로 인해서 세포에 5개 정도의 유전자 상처가 쌓이면 세포가 폭주하기 시작해 악성 암세포로 바뀐다.

즉, 암세포는 어느날 갑자기 발생하는 것이 아니다. 개시기(Initiation) → 촉진기(Promotion) → 진전기(Progression)라는 3가지 단계를 거쳐 악성화되어 간다.

개시기는 담배나 다이옥신 등의 화학적 발암물질이나 바이러스 등이 정상세포 속에 들어와 유전자에 이상을 일으키는 단계다. 촉진기는 암을 촉진하는 물질(화학발암물질, 식염, 지방, 호르몬 등)이 작용해서 암세포의 싹이 되는 세포가 분열하며 성장해가는 단계다. 끝으로 진전기는 마침내 암세포가 증식해서 주위에 스며나오듯이 퍼져 림프관이나 혈관을 매개로 해서 체내로 전이, 악성화를 밟는 단계다.

따라서 암에 걸리지 않기 위한 예방이나 조기 발견, 조기 치료를 명심하지 않으면 이러한 3단계는 마치 죽음이 기다리고 있는 사형대로 향하는 계단과도 같은 존재가 된다.

암이라는 병은 복수의 유전자 이상이 조합된 결과로 인해 발생하는 유전자병으로, 발암 과정이 오랜 세월을 거쳐 세포 단계에서 일어나기 때문에 암으로 진단되기까지 20~30년이나 걸리기도 하는 만성질환이다.

암이라고 임상적으로 확실하게 판단할 수 있는 시기의 암세포 수는 10억 개나 되지만, 크기는 대략 직경 1cm 정도에 지나지 않는다. 이것이 암이 더욱 더 진행되어 크기가 3cm 이상이 되면 죽음의 경계선을 넘나들기 시작하고, 중량이 1kg을 초과하면 생을 향한 희망이 끊어지면서 죽음에 이르게 되는 것이다.

암의 싹은 사춘기부터 나타난다

최근까지 사람들은 암에 걸리면 2～3년 동안 병이 점차적으로 진행되어 목숨을 잃는다고 생각해왔다. 그러나 암의 싹이 발생하는 개시기는 상상 이상으로 빨라 사춘기 무렵이 가장 많은 것 같다. 체세포가 가장 급격히 증가하는 시기는 생후 1년과 사춘기 때다. 체세포의 분열이 급증하면 그만큼 세포 유전자에 이상이 일어나기 쉽다. 따라서 대부분의 암은 사춘기 무렵에 싹이 튼다고 생각해도 좋다.

그런데 그 중요한 시기에 부모의 눈을 피해 담배를 피우거나 술을 마시며 발암물질을 흡수하는 생활을 계속한다면 암 환자가 되기 쉬운 조건을 스스로 야기하는 것이나 다름없다. 뿐만 아니라 그후에도 유전자의 고장을 촉진하는 생활을 계속해가면 확실히 암을 향한 계단은 급경사가 되는데, 그렇게 되면 보통 60세 정도에 걸릴 것도 장년기인 40세 무렵에 걸리게 되기 쉽다.

40세 정도의, 아직 젊은 나이에 암을 앓는 사람들의 이야기를 들어보면 '이 사람은 분명 이것이 원인일 거야' 라는 생각이 들게 하는 원인이 반드시 하나는 있다. 예를 들어 매일 브랜디를 마시며 담배를 피우면 그렇지 않은 사람에 비해서 150배나 식도암에 걸리기 쉬워진다.

1946년생인 미카사노 미야토모(三笠宮寬) 인친왕(仁親王)은 15세경부터 매일 위스키 1병을 마셨다고 한다. 게다가 담배까지 즐겼던 그는 결국 50세가 되기도 전에 식도암 수술을 받았고, 그후에도 계속해서 설(舌)암 등 5가지 이상의 암과 싸워 왔다.

1997년 5월 31일, WHO(세계보건기구)가 제정한 세계 금연의 날에 유라쿠쵸(有樂町)의 마리온에서 담배 대책 집회가 열렸을 때 그에게 참석을 부탁했더니 그는 흔쾌히 승낙하며 회장을 가득 채운 젊은이들에게 15분 정도 강연을 해 주었다. "나와 같은 생활습관은 위험합니다. 암에 걸리고 말거든요." 그는 다중암의 좋은 예다. 어쨌든 용기 내어 스스로 한 그 고백에 나는 매우 감명을 받았다.

암으로 가는 계단의 경사를 완만하게 만드는 방법

암으로 가는 계단을 급경사로 만드는 것이 발암물질이다. 지금까지의 연구를 통해 확실히 나쁘다고 판명이 난 것으로는, 담배, 발암과 관계가 있는 바이러스(B형 간염 바이러스[HBV], C형 간염 바이러스[HCV], 인간 유두종 바이러스[HPV], 성인 T세포성 백혈병 바이러스[HTLV-1] 등), 화학발암물질(벤츠피렌, 다이옥신, PCB[폴리염화비페닐] 등), 방사선이나 자외선 등이 있다. 또한 이 외에 암이 된 세포를 키우는 촉진제 역할을 하는 것으로는 비만이나 호르몬이 있다.

이와 같은 암의 자극에 많이 노출되면 될수록 암으로 향하는 계단은 급경사가 된다. 그렇다면 계단의 층계참을 길게 하고 경사를 완만하게 만들 수 있는 방법은 없는 것일까?

그 관건이 되는 것이 바로 최근 밝혀지고 있는 암 예방법들이다. 대표적인 것이 야채와 과일, 운동, 적당한 휴식이다. 말하자면 건강을 유지하는 생활습관이 한 단 한 단의 층계참을 길게 만드는 것이다. 이 방법대로 해나가면 가령 100세까지 살 때 체내에서 암화가 진행되고 있었다 해도 임상적인 암이 되지 않은 채 대개 3단째 정도의 단계에서 멈추게 된다.

뿐만 아니라 담배를 피우는 사람이라도 계단의 1단째나 2단째 정도에서 금연하고 식생활을 개선하는 등 암을 예방하는 생활습관을 몸에 익히면 그 시점에서 계단의 경사는 완만해져간다. '암으로 가는 급격한 계단과 완만한 계단' 그래프에 주목해보자(그림 2-1). 장년기 전후에 지금까지의 라이프스타일을 수정하여 야채나 과일을 많이 섭취하고 운동, 적당한 휴식을 중요시하면 계단의 층계참이 길어져 중간 정도 경사의 계단으로 바뀐다. 실제로 금연한 사람의 폐암 이환율은 나이가 들어감에 따라서 담배를 피우지 않은 사람과 동일하게 된다.

암 이환율은 나이가 들어감에 따라 증가한다

암에 걸리기까지는 20년에서 30년이나 걸리기 때문에 나이가 들어감에 따라서 이환율은 높아진다. 실제로 암은 연령의 네제곱에 비

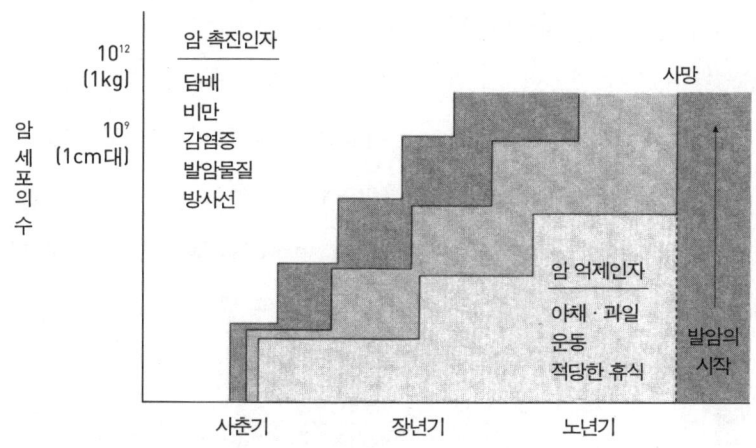

그림 2-1 | 암으로 가는 급격한 계단과 완만한 계단

건강을 유지하는 생활습관이 암으로 가는 계단을 완만하게 만든다.

례해서 발생한다. 40세의 사람이라면 80세가 되면 연령은 2배라도 암의 이환율은 2의 네제곱으로 16배나 늘어나는 것이다. 연령과 암 이환율을 그래프로 나타내면 대부분의 암이 직선적인 증가를 나타내 암의 이환이 나이가 드는 것과 더불어 늘어나게 됨을 알 수 있다.

암의 이환율은 보통 일정 인구 중 1년간 새로운 환자가 얼마나 발생했는지를 조사하여 새로 발생한 환자 수로부터 계산한다. 일반적으로 인구 10만 명당 수로 표시된다. 그러나 1년간의 암 이환율에서는 인구 10만 명 중 2명 또는 3명으로, 현실적으로 그다지 와닿지 않는 숫자이다. 그러나 '암에 걸리는 사람이 10만 명 중 2명이라고? 그렇다면 우선 나는 안 걸리겠네' 라고 생각하면 착각이다. 한편, 어느 연령까지 어느 정도 암이 발생하는지를 보는 것이 누적이환율로, 매년 이환통계를 토대로 1년마다의 이환율을 보충해가면 누적이환율을 구할 수 있다.

누적이환율에서는 보통 100명당 %로 표시되기 때문에 이환율이 훨씬 현실적으로 느껴진다. 예를 들어 1년간 이환율이 인구 10만 명당 200명이었다고 한다면, 65세까지의 누적이환율에서는 100명당 8명이 되어 8%나 되는 사람이 걸리게 됨을 실감할 수 있다.

정기검진으로 암을 조기에 발견할 수 있다

'암의 누적이환율'을 보면 어느 연령까지 몇 %의 인구가 암에 걸렸는가 하는 이환 확률을 판단할 수 있다. 다른 사인으로 사망하지 않는다면 75세까지 남성은 약 절반이, 여성도 3분의 1이 어떤 암에 걸린다(그림2-2).

뿐만 아니라 '암의 누적이환율' 그래프가 여실히 보여주는 바와 같이 남녀 모두 이환율이 40세경부터 증가하기 시작해 60세를 경계로 급상승하고 있다. 단, 여성의 경우에 유방암, 자궁암, 난소암 등은 호르몬의 영향으로 발생빈도가 높은 호발연령(好發年齡)이 40대부터 50대다.

그래서 중요한 것이 암 검진시기다. 여성은 호발연령보다 약간 빠른 30세, 35세, 40세, 45세, 50세에 검진을 계속 받고, 남성 역시 50세, 55세, 60세에 검진을 받아야 한다. 5년 단위로 나누면 그만큼 연령에 따라 증가하는 암의 이환율이 확실히 증가될 것이므로 조기 암을 발견할 수 있는 기회가 반드시 늘어난다.

　나는 오랫동안 암의 조기 발견, 조기 치료를 실현하기 쉽고 합리적인 '5년마다 한번씩 정기검진 받기'를 권하고 있다. 동경의 아라카와구(荒川區)와 같이 5년마다 정기검진을 실시하는 운동이 전국으로 확대된다면 개인의 입장에서는 암을 치료하는 데 드는 의료비 절약을 할 수 있고, 행정기관이나 기업 등의 입장에서는 경비를 절약할 수 있을 것이다.

식생활이 관건인 8대 암

암 검진의 종류와 검사방법

　암 검진에는 행정기관이나 직장에서 이루어지는 무료나 소액부담의 집단검진, 종합건강진단처럼 개인이 의료기관에 가서 받는 유료 개별검진이 있다. 전자가 실시하는 것은 위암, 자궁암, 유방암, 폐암, 대장암 등 5가지 검진이며, 이러한 것에 덧붙여서 개별검진에서는 식도암이나 간암 등의 검사를 받을 수 있다. 그러나 60세 이전에는 암에 걸릴 확률이 낮기 때문에 대부분의 검사가 쓸모없게 될 가능성이 있어 지금은 암 이외의 병도 종합적으로 검사하는 시스템을 취하고 있다.

　일본인에게 증가하고 있으며 식생활과 깊은 관련이 있는 식도암, 위암, 대장암, 폐암, 간암, 유방암, 자궁암, 전립선암 등 8개 암의 검사방법은 대략 다음과 같다.

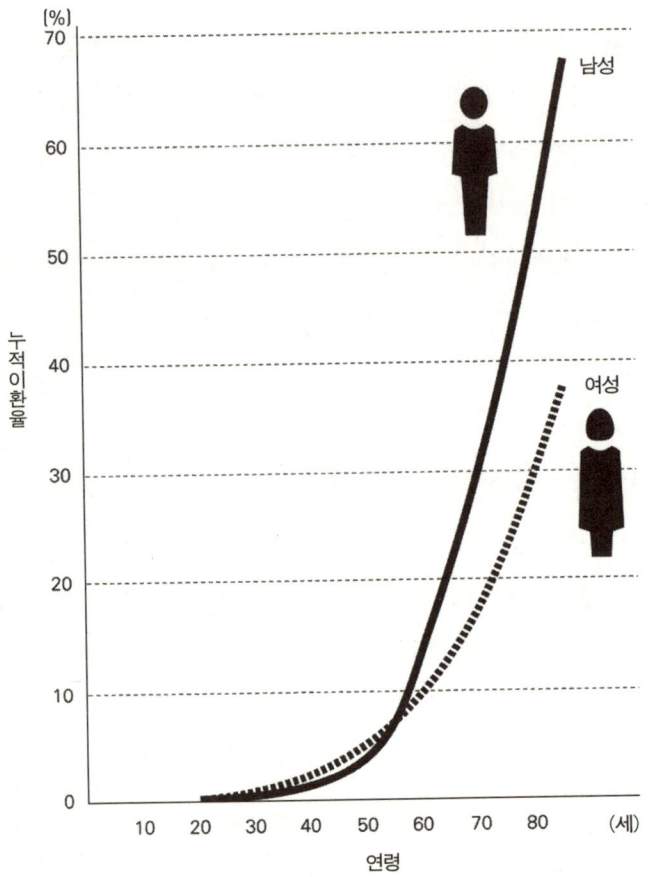

그림 2-2 | 암의 누적이환율

어떤 연령까지 몇 %의 사람이 암에 걸리는가에 대한 확률을 알 수 있다.

75세까지 남성은 약 절반, 여성은 1/3의 인구가 암에 걸리게 됨을 알 수 있다.

❶ X선 검사

X선 촬영에 의한 검사로, 다음의 2가지 종류가 있다.

단순촬영 - 골종양 등을 조사하는 뼈의 X선 사진, 유방암 등을 조사하는 맘모그래피(유방X선 촬영) 등.

조영(造影)촬영 - 조영제(Valium, 발륨)를 먹고 위암이나 대장암 등을 조사하는 이중조영법, 간암 등을 조사하는 혈관조영 등.

❷ 내시경(Fiberscope) 검사

치료에도 사용되고 있는, 끝에 렌즈가 달린 가늘고 긴 관(Fiber)을 체내에 넣어 장기의 모습 등을 관찰한다. 최근에는 TV 화상으로 자신의 위나 장의 안쪽을 볼 수 있게 되었다.

❸ 초음파(Echo) 검사

약한 초음파를 몸에 대어 장기 등으로부터의 반사파를 화상화(畵像化)하는 것으로, 고통을 느끼지 않는 방법이다. 간암이나 전립선암에 효과적이다.

❹ 세포진(細胞診) 검사

화상진단 등으로 확인된 병변부의 세포를 채취하여 현미경으로 암세포의 유무를 조사한다. 폐암은 객담을, 자궁암은 자궁의 분비물이나 자궁경부의 세포를 채취해서 검사한다. 유선의 응어리에 침을 찔러 채취한 세포를 조사하는 경우도 있다.

최신 검사기기를 갖춘 의료기관에서는 그 외에도 '헬리컬(Helical) CT'라는 촬영법이 시행되고 있다. 신체 부위를 가로로 자른 형태가 화상화되는 CT(컴퓨터 단층촬영) 검사로, 정밀도가 높아 작은 암도 발견하기 쉽기 때문에 폐암 검진에의 도입이 검토되고 있다.

암 진단을 받았을 때 반드시 확인해야 하는 5가지

암 검진에서 암이 의심되는 경우에는 정밀검사를 권유받는다. 그래서 대학병원이나 종합병원, 암 전문병원 등에서 정밀검사를 받고, 그 결과 암세포의 존재가 확실시되면 담당의는 발병 사실을 환자에게 전달하게 된다.

여기서 어려운 문제는 암에 걸렸다는 사실을 받아들이는 것이다. 우리는 정보를 전적으로 받아들여 그것에 대해 판단하고 스스로 책임져 행동하는 일에 매우 익숙하지 못한 경향이 있다. 스스로가 암의 치료방법과 과정을 이해한 후 각자의 책임하에 치료방침을 선택하는 행동을 좀체 시작하지 못한다.

그러나 생각해보면 'Informed Consent(숙지동의, 충분히 알게 된 다음에 하는 동의)'는 치료를 받는 당사자인 환자에게 인정된 당연한 권리다. 의사가 알기 쉽게 설명하는 증상이나 치료법을 냉정하게 받아들이고 치료방침을 선택하는 것은 매우 중요하다. 불충분한 설명만 하는 의사에게 무엇을 기대하기는 어렵다. 따라서 숙지동의를 할 때는 의료기관이나 주치의의 신뢰도를 알아보기 위해서라도 다음 항목을 파악하여 설명을 요구할 필요가 있다.

① '몸의 어디에 생긴 암인가?' '원래부터 그 부위에 생긴 암인가, 다른 부위로부터 전이된 암인가?' 등 암의 종류와 진행도에 대해 설명

을 듣는다.

② '어떠한 치료법이 있는가?' '치료될 가능성' '치료 기간' '치료에 의한 부작용의 유무' 를 묻는다.

③ '그 치료법에 의해서 무언가를 잃게 될 가능성이 있는가?' 를 확인한다. 가령, 유방암에서는 수술 방법에 따라서 유방을 잃는 경우도 있다.

④ 수술을 받는 경우, '수술의 종류와 성공률' '수술 후의 장애 정도와 그 해결법' '입원 기간이나 일상생활로 되돌아갈 수 있을 때까지의 기간' 을 확인한다.

⑤ 약제요법을 받는 경우는 '어떤 종류의 약인가?' '어떤 효과를 기대할 수 있는가?' '투여기간' '부작용과 그 대처법' 을 묻는다.

아울러 의사의 설명이 애매해서 숙지동의가 불가능할 때는 물론이고 최근 계속해서 일어나고 있는 의료사고를 방지하기 위해서라도 주치의 이외의 전문의 의견(Second Opinion)을 요구하는 것이 효과적이다.

대부분의 암 전문병원은 외래상담 창구를 설치하고 있으며, 국립 암센터에서는 인터넷으로 암 관련 정보를 제공하고 있다. 또한 홈페이지에서는 개인적으로 질문은 받고 있지 않지만, 최신 치료법이나 암 관련 의료기관 등의 정보를 얻을 수 있다.

8개 암의 특징과 치료·예방법

제2장을 정리하는 의미에서, 일본인에게 많이 볼 수 있지만 식생

활 개선으로 충분히 예방할 수 있는 식도암, 위암, 대장암, 폐암, 간암, 유방암, 자궁암, 전립선암 등 8개 암의 특징과 증상, 치료법, 예방법을 살펴보기로 한다. 이 8개 암은 2002년도 보고서 『지역 암 등록 정밀도 향상과 활용에 관한 연구』에 따르면, 남성의 경우 전체 암의 73%를 차지하고, 여성의 경우 64%를 차지했다. 또한 사망률도 남성의 74%, 여성의 70%를 차지했다. 따라서 우선 이러한 수적으로 많이 나타나는 암이 예방의 대상이라 할 수 있다.

❶ 식도암

◉ 특징

아키타(秋田), 오키나와(沖繩), 가고시마(鹿兒島) 등 독한 술을 많이 마시는 지역일수록 식도암의 이환율이 높게 나타난다. 아이치(愛知)현 암 연구소의 데이터를 보면, 매일 1홉 이상의 술을 30년 이상 계속 마신 사람이 식도암에 걸릴 확률은 마시지 않는 사람의 8.2배다.

알코올만이 아니라 뜨거운 차 등을 오랫동안 마셔온 습관도 식도의 점막을 손상시켜 암을 촉진시킨다. 아울러 흡연도 식도암 발생 원인의 90%를 차지한다. 그래서 식도암에 걸리는 사람은 여성에 비해 남성이 5배나 더 많다.

◉ 증상

식사를 하면 음식물이나 음료가 목에서 막히거나 잘 마실 수가 없고 목이 따끔거리게 된다. 증상이 진행되면 목소리가 쉬는 경우도 있다.

◉ 치료법과 예방법

검진으로 조기에 발견한다면 내시경 수술로 해결할 수도 있다. 단, 식도는 소장이나 대장과 달라서 종격(縱隔, 좌우 흉막 사이에 있는 흉곽 안의 정중면 부근의 공간)이라는 부분에 묻혀있기 때문에 암이 진행되면 치료성적이 좀체 향상되지 않는다. 게다가 다른 장기로 전이를 일으키기 쉬워 진행암(스테이지 Ⅳ)의 5년 생존율이 매우 낮다.

식도암에 걸리지 않기 위한 예방법은 금연, 뜨거운 음식이나 마실 것 먹지 않기, 야채와 과일 많이 섭취하기, 술을 절제하기 등 4가지다. 음식이 들어갈 때 이물감이나 따끔거리는 느낌 등 뭔가 이상한 변화를 느꼈다면 바로 의사를 찾도록 하자.

❷ 위암

◉ 특징

일본인의 위암 사망률이 감소하고 있다고는 하지만, 위암은 암의 부위별 이환율 가운데 톱을 차지하며 연간 10만 명 정도가 위암에 걸리고 있다. 위암은 절이거나 말린 음식 등 염분이 많은 식품을 오랫동안 섭취해 온 식생활과 깊은 관계가 있다. 식염 그 자체에 발암성은 없지만, 과다섭취하면 위의 점막이 망가지는데다가 점막이 재생되면서 발암물질이 있으면 암이 되기 쉽기 때문이다.

다행히 저염식 운동이나 정기검진의 보급 등으로 위암은 이환율 · 사망률 모두 감소하고 있다.

● 증상

위암의 초기 증상은 거의 없어 '어쩐지 속이 이상하군' 정도가 전부다. 그러던 것이 이윽고 식욕감퇴, 위의 더부룩함이나 막힘 등의 상태로 나타나게 된다. 위의 통증이나 하혈, 토혈의 증상이 나타났을 때는 이미 상당히 진행된 상태라 할 수 있다. 따라서 위의 상태가 조금이라도 이상하게 느껴질 때 검사를 한번 받아보도록 하자.

● 치료법과 예방법

위벽의 점막에 발생한 병소(病巢)가 아직 위벽의 얇은 부위에 있는 조기 암의 경우, 절제수술로 거의 완치할 수 있다. 또한 몇 밀리미터 크기의 아주 작은 암은 내시경 수술이 가능하다(그림2-3). 하지만 병소가 위벽의 깊은 곳까지 확대된 진행암이 되면, 림프절이나 간으로 전이되기 쉬워져 스테이지 IV 의 5년 생존율은 12~13%로 저하된다.

최근 위 안에 붙어사는 세균인 헬리코박터 파이로리균과 위암의 관계가 화제가 되고 있다. 10년 전, 미국에서 온 젊은 여성 연구자가 나에게 '파이로리균이 위암의 원인이라고 생각한다' 고 말한 적이 있다. 나는 '설마 아니겠지' 하며 반신반의했지만, 그후 IARC(국제암연구기구) 회의에서 파이로리균이 정말 발암물질 중의 하나가 되고 말았다.

물론 위암의 한 요인이기는 하겠지만, 파이로리균만으로 암이 발생

복강경을 사용한 위수술의 단면도

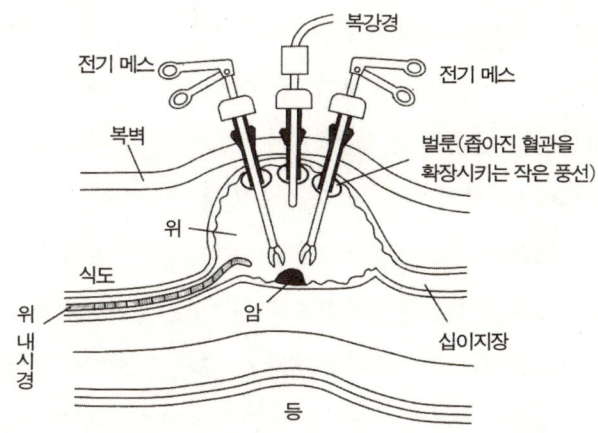

복강경

전기 메스

전기 메스

복벽

벌룬(좁아진 혈관을
확장시키는 작은 풍선)

위

식도

위
내
시
경

암

십이지장

등

복강경 수술의 모식도

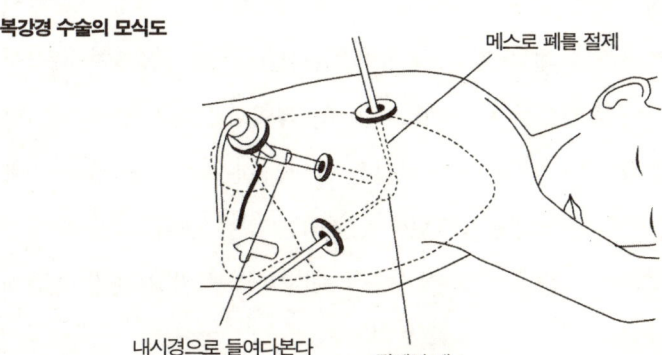

메스로 폐를 절제

내시경으로 들여다본다

절제된 폐

그림 2-3 │ 내시경 수술

한다고는 생각할 수 없다. 그렇다면 보균자가 많은 일본은 아마도 위암 환자로 넘쳐날 것이다. 예를 들어 나가노(長野)현에서는 20대부터 보균자가 늘어나 40대가 되면 거의 70%가 보균자다. 콜롬비아에서는 10대부터 높은 보균율을 보여 식수에 의한 감염경로를 의심받고 있다.

반복되는 위궤양 등 명확히 파이로리균이 원인으로 여겨지는 병을 제외한 이상, 위암 예방을 목적으로 항생물질에 의한 파이로리균의 제거를 적극적으로 실행할 필요는 없다고 생각한다. 현재 국립암센터 그룹이 제균이 효과적인지의 여부에 대한 임상실험을 실행하고 있고 아직 결론이 나오지 않은 상태지만, 제균을 하더라도 일종의 상재균 (常在菌, 편집자 주 : 우리 몸에 정상적으로 존재하는 세균)이라서 다른 부위 에 있는 균이 또다시 위 점막에 붙는 모양이다.

식염 섭취량이 많은 지역이라도 이와테(岩手)나 미야기(宮城)에서 는 위암이 적어 조사해본 결과, 녹황색 야채를 많이 섭취하여 거기에 함유되어 있는 β-카로틴이나 기타 식물성 화학물질이 발암을 억제하 고 있음을 알 수 있었다. 따라서 위암을 예방하기 위해서는 염분을 줄 임과 동시에 신선한 야채와 과일을 매일 먹는 것이 좋다. 아울러 먹을 때 적당한 정도에서 수저를 놓을 수 있다면 그 역시 위암 예방 측면에 서 바람직하다.

한편, 담배의 경우도 폐암과의 관계를 맨 먼저 떠올리겠지만 위암 에도 악영향을 미친다. 특히 식도에서 위로 들어가는 부분에 생기는 분문부암(噴門部癌)이 될 위험성이 높다. 게다가 이 부분의 수술이 개 흉(開胸)·개복(開腹)을 거쳐야 해서 봉합부전(縫合不全)을 일으키기 쉽다는 점을 생각하면 위암에 있어서도 금연은 매우 효과적인 예방법이라 할 수 있다.

❸ 대장암

◉ 특징

대장은 음식의 수분을 흡수해서 변을 만드는 결장과 변을 일정량까지 저장해서 체외로 배출하는 직장으로 나눌 수 있다. 한편, 대장 내에는 100조 개나 되는 장내 세균이 있어서 인간과 공생관계를 맺고 있다. 장내 세균이 만드는 비타민 K의 덕택으로 지혈을 할 수 있는 것이 그 좋은 예다. 인간이 소화할 수 없는 식물섬유도 장내 세균은 단쇄지방산(短鎖脂肪酸)으로까지 분해할 수 있고, 그것이 대장의 상피세포에 흡수되어 대장암 예방에 도움을 준다. 따라서 적절한 식생활을 통해 몸에 좋은 장내 세균총(細菌叢)을 유지하는 것이 중요하다. 덧붙여, 대변의 80%는 장내 세균이라는 얘기도 있다. 암은 S상 결장과 직장에 생기기 쉬우며 여기 생긴 암들이 대장암의 65~70%를 차지한다.

일본에서 대장암이 계속 증가하고 있는 것도 식생활의 서구화에 의한 악영향이라 할 수 있다. 육류를 자주 먹고 동물성 지방을 대량으로 섭취하면 그것을 분해하기 위해서 담낭으로부터 담즙이 많이 분비된다. 담즙에 함유된 담즙산이 분해된 물질에는 발암성이 인정되고 있는 것도 있다. 게다가 식물섬유가 부족하면 배변이 나빠지기 때문에 담즙산의 분해물질이 대장에서 장시간 머물러 대장암을 일으키기 쉽게 만든다. 한편, 대장암에는 유전적인 요인도 관계한다. 만약 가족 중 이 암에 걸린 사람이 있을 때는 만일을 위해 검진을 받도록 하자.

◉ 증상

설사나 변비를 반복하거나, 변에 점막이나 피가 섞여 있거나, 변이 가늘어지는 등 변통에 이상이 발견된다. 그러나 일반적으로 혈변 등을 치질이나 월경 때문으로 생각해서 방치하는 예가 적지 않다. 그리고 혈변이 눈으로 확인되지 않아도 잠혈(潛血, 대변·소변 속에 존재하는 혈액)처럼 검사에 의해서 비로소 알게 되는 출혈도 있다.

◉ 치료법과 예방법

조기에 발견할 수 있다면 수술에 의해서 치료율은 높아진다. 그리고 내시경에 의한 폴립(편집자 주 : 용종이라고도 불림. 대장 벽의 내면에서 자라나는 비정상적인 성장물)의 제거도 예방이 될 수 있다. 단, 결장암과 직장암은 림프절 전이나 간으로의 혈행성 전이를 일으키기 쉬워 스테이지 Ⅳ의 5년 생존율은 각각 10% 정도까지 떨어진다.

변통을 조절하기 위해서 식물섬유를 많이 섭취하는 것 외에, 육류 대신 생선이나 콩 제품 등을 먹는 것이 예방법이 된다. 적당한 운동도 효과적이다.

❹ 폐암

● 특징

폐암 사망률은 증가일로를 밟아 남성의 경우는 1993년 위암을 제치고 암 사망원인 1위로 뛰어올랐다. 이는 정부·의료 관계자가 서구 여러 나라처럼 조기에 담배에 대한 대책을 강구하지 못한 결과라 할 수 있다. 서구에서는 담배가 폐암의 원인이 된다는 사실이 1960년대에 확인되면서 바로 담배 규제가 이루어졌다. 그 결과, 1990년대부터 폐암은 감소추세를 보이고 있다. 한편, 1960년까지 일본에서 폐암이 적었던 것은 흡연이 폐암을 일으키기까지 20~30년이 걸리기 때문이다. 제2차 세계대전 전후 담배가 귀했던 시대가 베푼 은혜인 셈이다.

폐암은 뭐니뭐니해도 흡연이 가장 큰 원인이기 때문에 담배를 피우는 사람의 폐암 이환율은 비흡연자의 약 4배에서 10배에 달한다. 평생 동안 흡연을 계속하면 100명 중 20명은 폐암에 걸린다는 통계도 있다. 디젤 배기가스나 대기오염의 영향도 폐암 환자를 늘리는 요인이지만, 옆사람에 의한 간접흡연까지 포함한 담배의 영향에 비하면 적은 것이라 할 수 있다.

● 증상

폐암은 발생부위에 따라서 폐의 말초 부분에 해당하는 폐야형(肺野型, 주변부) 폐암과 기관지에서 발생하는 폐문부형(肺門部型, 중심형) 폐암 2가지로 크게 구별할 수 있다. 전자의 경우, 초기에는 아무런 증상이 나타나지 않다가 약간 진행되면 기침이나 가래, 피가 섞인 가래가 나오기 쉽다.

식생활이 관건인 8대 암

폐문부형 폐암에서는 이미 초기에 기침, 가래, 피가 섞인 가래가 보이고, 진행되면 소리를 내거나 숨을 쉬기가 힘들어지기도 한다. 그리고 좀더 진행되면 호흡곤란, 발열, 흉통, 손 저림, 안면의 발한(發汗), 동공의 수축, 안구의 함몰이 나타나는 경우도 있다. 폐암 중에서도 스테이지 Ⅳ의 5년 생존율은 10% 정도에 지나지 않는다.

◉ 치료법과 예방법

폐는 산소를 흡입하여 이산화탄소를 배출하는 역할을 갖고 있기 때문에 생명과 직접 관련되는 중요한 기관이다. 다른 암처럼 수술로 완전히 제거하기가 어려워서 약제요법이나 방사선요법도 병행되지만, 치료하기 힘든 난치암이다. 더욱이 절제 후 호흡 면적의 감소는 운동 기능도 저하시킨다.

예방법은 역시 과감히 금연하는 것이 최선이다. 흡연량을 서서히 줄여감으로써 확실히 끊는 것이 성공률이 높다. 다음으로 역학적 조사 등으로 예방효과가 인정되고 있는 야채와 과일을 가능하면 매일 섭취한다.

❺ 간암

◉ 특징

간암이라고 하면 알코올 과다섭취를 떠올리지만, 대부분의 간암은 B형 간염 또는 C형 간염이 장기화된 간경변에서 발생하고 있다. 바이러스에 감염되면 간에 만성적으로 염증이 일어나고 세포의 괴사와 재생이 반복되는데, 그 증상이 길게 계속되면 세포의 유전자에 이상이 발생하여 간세포가 증식되는 것이다.

B형 간염의 바이러스는 출생시 모친으로부터의 감염이나 주사기 등을 매개로 한 감염이 원인으로 알려져 있으며, 왁신 접종을 통해 대폭적으로 위험이 감소하고 있다. 한편, C형 간염은 과거 바늘을 교체하지 않는 예방접종 등으로 확대되었을 가능성이 있다. 또한 검사법도 비교적 최근 보급되기 시작한 단계라 병이 장기화되고 있는 환자도 많아서 현재 가장 큰 문제다. 간암에는 세담관(細膽管)에서 발생하는 암도 있고, 일본 주혈흡충(住血吸蟲, 이생목 주혈흡충과에 속하는 기생충의 총칭) 감염에 따른 간경변 등도 위험성이 높다. 아울러 알코올이나 흡연은 촉진제로 작용하여 간암 발생의 위험인자이기도 하다.

식생활이 관건인 8대 암

● 증상

'침묵의 장기'라고 일컬어지는 간은 큰 변화가 일어나지 않는 한 증상이 나타나기 어렵다. 암이 작을 때는 전혀 증상이 발견되지 않다가 암세포가 성장함에 따라서 피로감, 식욕부진, 체중 감소 등이 나타난다. 그리고 복부 팽만감, 상복부나 오른쪽 상복부의 통증 등이 나타나다가 더욱 악화되면 피부가 노랗게 변하는 황달이 일어난다.

● 치료법과 예방법

검진으로 조기에 발견할 수 있다면 수술로 차도가 나타난다. 그러나 초기에 자각증상을 보이지 않기 때문에 발견했을 때는 이미 수술할 수 없는 크기로 커져 있거나, 간염이나 간경변에 따른 간기능 장애를 나타내 치료성적이 나쁜 난치암이라 할 수 있다.

완전절제가 불가능한 경우는 간동맥 폐전요법이나 암소(癌巢) 내 알코올 주입요법 등이 시행되어 상당한 연명효과를 얻는 경우도 있다. 난치암 중 하나인 간암의 스테이지 IV의 5년 생존율은 20% 정도다.

간암의 위험성은 앞서 기술한 것처럼 상당히 높기 때문에 위험성을 가진 사람은 담배나 알코올을 삼가거나 발암을 억제하는 치료를 받는 것이 바람직하다. 아울러 C형 간염의 활동기에는 인터페론에 의한 치료로 바이러스를 억제하는 것도 효과적이다.

❻ 유방암

◉ 특징

일본에서 유방암은 서구 백인에 비해 1/4 이하의 생애이환율을 보였으나, 최근 조금씩 증가하고 있다. 이는 식생활의 서구화나 라이프스타일의 변화를 큰 요인으로 생각할 수 있다. 유방암에 걸리기 쉬운 요인은 미혼 · 고령 출산 · 빠른 월경 · 늦은 폐경 등으로, 이러한 것은 모두 여성 호르몬의 일종인 에스트로겐이 유선의 세포에 작용하는 시기가 길어지는 것과 관계한다.

비만도 유방암의 위험성을 높인다. 지방조직에 있는 아로마타제(Aromatase)라는 효소가 부신이나 난소로부터 배출되는 스테로이드 호르몬을 에스트로겐으로 변화시켜 유선세포의 증식을 자극하기 때문이다. 또한 동물성 지방의 과다섭취도 유방암의 발생을 촉진하는 것으로 여겨지며, 모친 등 근친자 중에 유방암에 걸린 사람이 있다면 위험성은 2배 정도로 높아진다. 유전적인 근본 원인과 관계되는 몇 가지 유전자도 후보로 올라오고 있다.

◉ 증상

유방암은 증상이 쉽게 나타나 암의 크기가 1cm 정도가 되면 주의 깊게 유방을 만졌을 때 멍울을 느끼게 된다. 그 외에도 유두가 함몰되거나 유두에서 피가 섞인 분비액이 나오는 경우도 있다. 겨드랑이 밑의 림프절이 만져지면 전이를 생각할 수 있다.

◉ 치료법과 예방법

유방암은 스스로 발견하기 쉬워서 초기인 경우에는 절제 범위가 작은 축소수술로 거의 완치되는, 예후가 좋은 암이다. 또한 암세포가 성호르몬 의존성이 있음을 이용해서 항에스트로겐 작용을 갖는 타목시펜(Tamoxifen) 등의 약으로 암의 증식을 억제하는 치료도 효과적이다.

단, 스테이지 Ⅳ의 5년 생존율은 스테이지 Ⅰ의 조기 암의 생존율이 100%에 가까운 데 비해 20% 정도로 저하된다. 더욱이 반대쪽의 유방에도 암이 생기기 쉬운 점, 5년 이상, 경우에 따라서는 10년이 지나서도 재발이 일어나는 경우도 있으므로 차후관리가 중요하다.

예방법은 스스로 간단히 할 수 있는 자기검사법(自己檢查法)이 매

식생활이 관건인 8개 암

우 효과적이다. 한 달에 1회는 입욕시나 취침 전에 다음과 같은 자기 검진을 실행하는 것이다. 하지만 유방암 검진에서의 자기검사법은 불충분한 경우가 많아서 최근에는 맘모그래피가 실행되고 있다. 이것은 약한 X선으로 유방을 촬영하는 것으로, 만약 석회화 등이 발견되면 유방암을 의심해볼 수 있다.

※ 거울 앞에서 체크하는 방법

양팔을 올렸다 내렸다 하면서 양쪽 유방의 형태를 비교한다. 양쪽 유방을 미끄러지듯이 손으로 만지면서 양쪽 겨드랑이 밑도 조사한다. 눈으로 봐서 깨닫는 유방 이상의 체크포인트는 변형이나 좌우비대칭 등이다.

※ 누워서 체크하는 방법

오른쪽 어깨 뒤에 베개를 대고 오른손을 들어올려 머리 아래에 붙인다. 소용돌이를 그리듯이 왼손가락 끝으로 오른쪽 유방을 만진다. 왼쪽 유방도 마찬가지 요령으로 조사한다. 다음엔 양쪽의 유두를 쥐어본다.

만져봐서 알 수 있는 유방의 이상은 멍울이나 움푹 파인 모양이고, 유두의 이상 체크포인트는 함몰, 변형, 분비액, 짓무름이다.

❼ 자궁암

● 특징

자궁암은 암이 생기는 부위에 따라서 2가지 종류로 나눌 수 있다.

자궁경부암은 자궁의 입구에 생기는 암으로, 30대부터 증가하기 시작해 40~50대에 많이 발견된다. 이 암의 대부분은 인간 유두종 바이러스(HPV)라 불리는 바이러스의 감염이 관련되어 있다. 일본에서는 제2차 세계대전 이후 가정 내 욕실 등의 위생상태의 향상으로 급속히 줄어든 암이다. 단, 흡연습관은 어느 역학조사에서나 자궁경부암의 위험인자가 되고 있다.

자궁체부암은 자궁 안쪽 부분에 생기는 암이다. 50대에서 많이 볼 수 있으며, 발생에는 여성호르몬이 관계되어 있다. 한편, 자궁체부암은 자궁경부암과 달리 유방암과 마찬가지로 증가추세다. 원래 일본인에게는 자궁체부암이 적었다. 콩 제품을 많이 섭취한 덕분일 것이다.

여성호르몬의 하나인 에스트로겐의 농도가 높으면 자궁체부의 세포가 증식하고, 나아가 유전자가 변이해서 암이 진행되기 쉬워진다. 따라서 임신·출산의 경험이 없거나 폐경시기가 늦어지면 그만큼 장기간에 걸쳐서 에스트로겐의 영향을 받게 되어 자궁체부암의 위험성이 높아진다. 갱년기의 에스트로겐 치환요법 역시 그런 의미에서는 위험성을 배제할 수 없다. 그래서 미국의 NCI(국립암연구소)는 위험성을 비교해봤을 때 장점이 없다고 결론짓고 2002년에 에스트로겐 치환요법을 권장하지 않는다는 성명을 발표했다.

● 증상

자궁암도 초기에는 거의 증상이 없다. 좀 진행이 되어서야 자궁체부암에서는 부정출혈이, 자궁경부암에서는 대하, 또는 월경 증가 등의 변화가 나타나거나 성교 후에 출혈이 있기도 한다.

◉ 치료법과 예방법

자궁경부암은 세포진검사의 보급으로 전암(前癌)의 병변(病變) 중에서도 상피내암이라는 조기병변에서 치료할 수 있는 예가 증가하고 있다. 그리고 초기 암이라도 경부의 부분 절제로 자궁을 남기는 수술이 가능하다. 자궁경부암은 편평상피암(扁平上皮癌)이기 때문에 방사선 감수성이 높아 어느 정도 진행암이 되어서도 방사선요법이 매우 효과적이다.

단, 발견이 늦어서 림프절이나 복경으로 암이 확대되는 스테이지 Ⅳ의 5년 생존율은 자궁체부암의 경우에는 10%대, 자궁경부암에서도 20% 정도로 저하된다.

유방암과 마찬가지로 자궁암도 비만과 관련이 있는 만큼 육류를 삼가고 야채와 과일을 많이 섭취하는 것이 예방법으로 이어진다. 자궁암은 조기 발견 · 조기 치료를 통해 치료하기 쉬운 암이다. 따라서 정기적인 검진이 가장 효과적인 예방수단이라 할 수 있다.

❽ 전립선암

◉ 특징

전립선암은 고령이 될수록 급속히 증가하는 암이다. 전립선암에는 잠재암이라 불리는 악성화되지 않는 암이 많아 50세 이상의 남성이라면 1/3 이상에게서 발견된다. 그런데 일본인의 잠재암 빈도는 미국의 백인과 똑같지만, 임상적인 암이 될 확률은 일본인쪽이 1/4 이하다. 그 정도로 생활습관의 영향이 매우 큰 것이다. 실제로 아메리카나 브라질로 간 일본계 이민자들은 1세대에서 이미 전립선암이 증가하여 이주한 그 나라의 이환율에 가까워진다. 이러한 증가에는 동물성 지방의 다량섭취 등 생활의 변화가 밀접하게 관련되어 있을 것이다.

● 증상

전립선암도 초기일 때는 이렇다 할 증상이 없다. 전립선이 커져도 암으로 이행되는 일이 없는 전립선 비대의 경우는 전엽(前葉)에 생기기 쉽기 때문에 요도 압박증상이 바로 나타난다. 그러나 이에 반해 전립선암은 직장에 접한 후엽(後葉)에 잘 생기기 때문에 증상이 나타나기 어렵다. 암이 커짐에 따라서 요도가 압박받아 소변이 나오기 힘들어지거나 소변을 본 뒤에도 후련하지 않은 잔뇨감(殘尿感) 같은 배뇨장애로 인해 발병을 깨닫게 된다.

● 치료법과 예방법

최근에는 작은 암도 암세포 특유의 당단백질 '종양 마커(Tumor Marker, 암세포가 체내에 존재하고 있을 때 만들어지는 이상물질)'의 하나인 PSA(전립선 특이항원) 검사로 발견할 수 있게 되었다. 단, PSA의 수치는 전립선염으로도 높아지기 때문에 경과를 보는 것이 중요하다. 아울러 직장에 초음파 프로브(초음파 발진기)를 삽입하는 전립선 화상진단도 조기 발견에 있어서 도움이 된다.

전립선암의 세포는 남성호르몬 의존성이라서 항(抗)남성 호르몬이나 여성 호르몬을 이용하는 치료가 효과적이다. 그러나 이 암은 뼈나 림프절로 전이되기 쉬워서 진행암일 경우에는 호르몬 요법보다 고환 제거수술 쪽이 효과가 있다. 한편, 림프절 등으로 전이된 전립선암의 5년 생존율은 거의 50%다.

전립선암의 진행은 느린 것이 특징으로, 자각증상이 없을 때 정기적인 검진을 받는 것이 중요하다. 또한 역학적으로는 육류의 과다섭취와 야채의 부족이 위험요인임이 알려져 있다. 따라서 야채를 많이 섭취함과 동시에 동물성 지방의 섭취를 줄임으로써 예방하는 것이 중요하다. 최근에는 콩 속에 함유된 이소플라본의 예방효과가 주목받고 있다.

여러가지 암 치료법

암을 치료하는 방법은 다음 3가지로 크게 구별할 수 있다.

① 수술요법 | 외과적으로 암을 절제하는 방법으로, 전이가 일어나기 쉬운 림프절 제거도 함께 실행한다. 필요한 부위를 확실히 절제하기 위해서 수술 중에 절단조각을 병리검사로 확인하면서 진행한다.

② 화학요법 | 항암제로 암세포를 죽이는 약제요법, 암세포의 증가를 억제하는 호르몬 요법 등.

③ 방사선요법 | X선이나 감마선 등의 방사선을 쬐어서 암세포를 죽이는 요법.

진행암에 대해서는 이 3가지를 조합한 집학적(集學的) 요법이 실행된다(그림2-1). 그 외에 최근 개발된 방법으로 신체적인 부담이 가벼운 내시경요법이나 온열요법이 있다. 이들 치료법의 선택은 보통 주치의가 실행하는 경우가 대부분이었지만, 국립암센터에서는 외과·내과·방사선과·병리 등의 전문가가 모여서 최적의 치료법을 선택

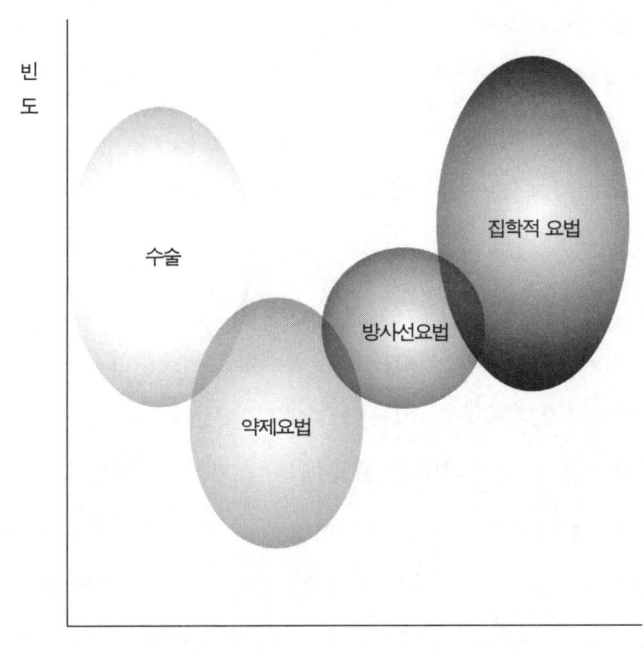

그림 2-4 | 암 치료의 전략

하고 있다. 뿐만 아니라 환자에게 치료 방법과 예후, 일어날 수 있는 부작용도 설명하여 환자의 의사를 존중하도록 되어 있다.

치료법의 우열은 과거의 방대한 치료성적의 결과가 없다면 결정할 수 없다. 그러므로 각 치료법을 적용했을 때의 결과를 비교하는 임상실험이 실행된다. 임상실험에 의해서 간혹 의사가 그때까지 믿고 있던 것이 뒤집어지는 경우도 있다. 예를 들어 국립암센터 중앙병원의 경우, 1975년경에는 수술과 병행해서 항암제를 사용하는 것이 최선이라고 여겨 약제요법이 암 치료방법 전체의 63.4%나 차지할 정도로 많이 이용했다. 그러나 식도암이나 대장암에서 임상실험을 한 결과, 수술로 병소를 제거하는 수술요법만 단독으로 실행하는 것이 가장 효과적이고 이상적인 방법으로 판명되었다. 이후 1999년에는 오히려 약제요법이 27.5%로 저하되고, 수술만 약 70%로 상승했다.

국립암센터 중앙병원에서의 위암, 간암, 폐암, 유방, 자궁경부암의 1975년 치료법과 1999년 치료법을 비교하면 위암의 경우 86.5%를 필두로 계속적으로 수술의 비율이 높아지고 있다.

약제요법은 백혈병이나 림프종에는 효과가 있지만, 위암이나 대장암에는 효용성이 낮다. 그러나 지금도 위암이나 대장암 수술 후에 테가푸르(Tegafur)라는 그다지 도움이 안되는 약을 계속해서 사용하는 예를 많이 볼 수 있다. 항암제는 때로 환자에게 구토나 메스꺼움, 식욕부진 등의 힘든 부작용을 초래한다. 앞으로는 암의 악성도나 개개인의 약에 대한 감수성과 체질에 맞춘 맞춤치료법의 추구가 요망

된다.

　하지만 무엇보다도 독자 여러분에게 바라는 바는 '최선의 치료법은 예방'이라는 사실을 잘 이해해줬으면 하는 것이다. 암의 치유율이 50%라 해도 원래의 건강체로 되돌아갈 수 있는 것은 아니다. 암으로 매년 엄청난 수의 사람들이 죽어가는 것도 엄연한 사실이다. 이러한 점들을 잊지 말자.

3장

미국과 일본의
대암(對癌)전략

암 예방을 기대할 수 있는 화학물질을 함유한 식품을 피라미드 형태로 나누어 나열해서 발표한 것이 '디자이너 푸드 피라미드'다. 야채나 과일은 세 가지 등급으로 나누어지며, 피라미드 상단으로 갈수록 암 예방의 효과가 높고 중요도도 높다고 할 수 있다.

패전 후에 시작된 '영양 3색 운동'

이 장에서는 미국와 일본의 암 정책과 대암(對癌) 운동을 대략적으로 살펴봄으로써 암 예방을 성공시키기 위해서는 무엇이 중요하고, 개개인은 어떤 예방책을 실행할 수 있는지를 명확히 하고자 한다.

일본에서는 옛부터 바다의 산물, 산의 산물을 활용해 건강증진을 도모하는 지혜가 계승되고 있다. 예를 들어 '의식동원(衣食同源)'이나 '식약동원(食藥同源)' 사상은 선 수행에 있어서 음식의 중요성을 설법한 가마쿠라(鎌倉) 초기의 선승(禪僧)인 도오겐(道元, 역자 주 : 일본 조동종[曹洞宗]의 시조. 1200~1253년)의 텐조(典座, 역자 주 : 선종[禪宗]에서 승려의 침식을 맡아보는 승려)로 거슬러 올라갈 수 있다. 메이지(明治)·다이쇼(大正) 시대가 되어서도 일본인의 식사는 된장국, 잡곡, 보리밥이나 쌀밥, 생선이나 절임반찬이 중심이었다. 그런데 메이지 시대 징병검사에서는 신장이 합격기준(160cm)에 도달한 사람이 약 60%밖에 안됐을 만큼 일본인의 몸집이 작았다. 체격을 향상시키기 위해서 '백인과의 혼혈을 추진하자'는 황당한 의견까지 실제적으로 논의되었을 정도다. 어쨌든 영양(榮養)과 체격문제는 부국강병 정책의 중요부분이기도 해서 메이지 시대 말엽이 되면서 학교급식도 이미 일부에서 시작되기 시작한다.

이후 다이쇼 시대가 되면서 사이키(佐伯) 영양학교가 개교, 1925년 본교에서 첫 영양사가 탄생한다. 이 사이키 영양학교를 졸업해서 공장급식 영양사 제1호가 되고, 영양학 학원의 교사 및 후생성 공중위생국 영양과 기술공무원을 거쳐 '영양 3색 운동'을 전국으로 확대시킨

이가 바로 곤도 토시코(近藤とし子) 씨다.

1913년생인 곤도 씨는 패전 이후 일본의 가난한 식생활을 개선하기 위해 분주하게 뛰어다니면서 1952년에 사단법인 '영양개선보급회'를 설립하는데, 이 모임이 지금까지 전개하고 있는 것이 바로 '영양 3색 운동'이다. 일하는 힘이 되는 황색 식품, 몸의 상태를 조정하는 녹색 식품, 피와 살이 되는 붉은색 식품 등 나누기 쉬운 3색의 식품에 대해서 하루 동안 섭취가 요구되는 식품의 분량의 기준을 제시하고 있다. 밥 등 주식이 되는 곡류는 1일 300g, 야채는 450g, 과일은 200g, 어패류·육류는 120g으로 해서 식물성 식품을 많이 섭취하는, 지금 살펴보면 암 예방에도 적합한 내용이다.

그리고 이 3색 식품을 매 끼니에 도입할 때 기억하면 좋은 것이 영양개선보급회 주최의 강좌에서 가르치고 있는, '9가지 식재료'로 반찬 만들기다. 밥과 아울러 다음의 식재료를 사용한 요리가 식탁에 오르면 고칼로리가 아니면서도 균형이 갖춰진 식생활을 실현할 수 있다.

〈9가지 식재료〉
콩류, 깨류, 계란, 우유·유제품, 미역 등의 해조류, 야채·과일, 어패류·육류, 표고버섯 등의 버섯류, 감자나 고구마류

이 '영양 3색 운동'의 건강효과는 90세를 넘어서도 여전히 현역에서 활약하고 있는 영양개선보급회 회장 곤도 토시코 씨에 의해서 실증되고 있다.

4명 중 1명은 영양부족

　제2차 세계대전 이후 식량난 시대에 미국의 지원으로 아이들에 대한 급식이 시작되었다. 그 당시 우리들은 소독한다는 이유로 미군이 마구 뿌려대는 DDT를 머리에 맞기도 했지만, 초등학교 급식 때 나오는 곰보빵과 탈지분유 우유를 각별한 맛으로 기억했다. 그러나 이후 먹다 남은 밀가루를 돌린 것이라거나 라라(아시아구제연맹)의 구호물자가 우송되어온 배경에 일본계인의 노력이 있었다거나 하는 여러 가지 사실을 알게 되었고, 일본인에게 빵을 식사 대용으로 정착시킬 수 있었던 것이야말로 미국 밀가루업계 최대의 성공이었다는 이야기도 들렸다.

　국민영양조사는 식량 원조의 양을 결정하기 위해서 1946년 시작되어 지금에 이르기까지 계속되고 있는 것으로, 1958년 후생성이 실시한 국민영양조사의 결과에 따르면, 4명에 1명은 영양부족인 것으로 나타났다. 그 당시 회충 구제약인 산토닌(Santonin)을 먹으면 회충이 툭하고 튀어나올 정도로 영양이 부족한 상태였으니 말이다. 한편, 후생성의 영양소요량은 미국 백인들의 식생활을 이상적인 것으로 보아서 지방을 총 에너지의 30%나 섭취하는 식이었다.

　일본의 부흥은 1960년대에 들어서면서 고도경제로의 성장기에 돌입하였고, 1964년에는 동경올림픽이 개최되어 바야흐로 전쟁 이후의 침체기에 종지부를 찍는 분위기가 형성되었다. 아니, 그렇기는커녕 거품경제기로 들어서 일본 경제는 'Japan as No.1'으로 비유되며 과신되기에 이르렀다. 또한 그 무렵부터 이른바 포식의 시대로 들어서 미식(美食) 붐이 일면서 레스토랑이 난립하는 등 장기불황 전 광란의 시대를 맞게 되었다.

후생성의 '국민건강 증진운동'

경제가 급속도로 성장함과 더불어 인스턴트 식품 붐이 일어나는 등 일본인의 식생활은 다양화되었고, 외식산업이 크게 번성하게 되었다. 그리고 그 무렵부터 국책(國策)으로서의 국민 건강대책이 착수되어 1965년에 '체력증진 국민회의'가 설치되는데, 그 배경에는 올림픽에서 이길 수 있을 만한 체력의 향상을 지향하는 스포츠 관계자의 바람도 있었다.

그런 속에서 후생성이 책정한 것이 '국민건강 증진운동'인데 1978년부터 제1차, 제2차, 제3차로 거의 10년마다 실시하고 있다. '제1차 국민건강 증진운동'에서는 밝고 활력 있는 사회의 구축을 목적으로 하여 성인병 예방대책에 대한 국고보조가 이루어지게 되었고, 건강진단, 건강상담, 식생활의 개선 등이 목표가 되었다. 아울러 암 검진이 각 행정구역에 도입된 것도 이 법률 때문이었다.

한편, 1988년부터 시작된 '제2차 국민건강 증진운동'은 고령자의 증가를 배경으로 개개인이 80세가 되어서도 거동할 수 있고 사회참여도 가능해지는 것을 목적으로 했다. 여기에는 'Active 80 Health Plan'이라는 문구가 붙었다. 당시 일본 여성의 평균수명이 80세 가까이 되었기 때문에 죽을 때까지 활동적으로 지낼 수 있도록 건강증진의 3요소를 '영양, 운동, 휴양'으로 하고, 이들 3요소의 균형이 잡힌 생활습관을 권장했다. 이는 예방의학을 지향하는 움직임이기도 했다.

하지만 언뜻 보면 가장 적합한 건강증진 대책으로 생각되는 이 운동이 어느 정도까지 국민들 사이에 퍼졌느냐를 따진다면 얘기가 달라진다. 특히 1988년부터 실시된 제2차 국민건강 증진운동 무렵은 거품경제가 붕괴되기 직전으로, 겉포장에만 열심이어서 전국 방방곡곡에 멋진 체육관을 세우려는 움직임만 볼 수 있었다. 더욱이 제1차·제2차 국민건강 증진운동은 상세하고 실천하기 쉬운 내용이 아니었던 만큼 국민들에게 충분히 확대되지 못했던 건 어쩌면 당연한 일이었다.

비만자가 속출한 '건강증진을 위한 식생활지침'

후생성은 '건강증진을 위한 식생활지침'을 1985년에 내놓았다. 그러나 여기에는 매일 무엇을 얼마만큼 먹으면 좋을지가 제시되어 있지 않았다. 대체적으로 '식염은 1일 10g 이하로' '주식, 주채(主菜, 주가 되는 부식), 부채(副菜, 주채에 딸려오는 부식)를 구비해서 1일 30가지 식품을 목표로' 정도였다. 그러나 하루에 10g 이하로 식염을 섭취하는 것은 타당하다 해도 하루에 30가지나 되는 식품을 섭취하는 것은 상당히 어려울 뿐만 아니라 과식이 되기 쉬웠다. 결국 아니나 다를까. 충실히 지킨 사람 가운데 비만자가 증가하고 말았다.

또한 2000년 후생성, 농수산성(우리나라의 농림부), 문부성(우리나라의 교육부와 과학기술부를 합친 기관)이 발표한 '식생활지침'도 미국의 지침에 비하면 많이 추상적이어서 개인의 보다 나은 건강을 위한 측면에서 실효성이 많이 부족한 식사지도라 할 수 있다. 이 '식생활 지침'에서는 '1일 30가지 식품을 목표로'가 삭제되고, '주식, 주채, 부채를 기본으로 식사의 균형을'이라는 애매한 표현을 쓰면서 더 퇴보해버리고 말았다.

그리고 이후 2000년에 수치목표가 제시된 제3차 국민건강증진운동 '건강일본 21'이 시작되면서 일본의 건강대책은 마침내 구체성을 띠게 되었다.

'건강일본 21'에 포함된 수치목표

'건강일본 21'에는 '영양, 운동, 휴양'에 미치는 영향이 큰 담배와 알코올이 첨가되었고, 질병예방을 목적으로 구강과 치아건강, 고혈압, 당뇨병, 암이 다루어졌다. 치아건강에 대한 항목은 '80세에도 20개의 치아를'이라는, 치과의들이 중심이 되어 진행해온 '8020 운동'의 연속이었다. '건강일본 21'에서는 처음으로 수치목표가 설정되었음은 물론, '건강증진법'(2003년 5월 시행)이라는 법률로 이어지는 건강대책이기도 했다. 무엇보다도 병의 발생 그 자체의 예방을 지향하는 1차 예방이 중시되었다. 담배 대책이 정면으로 다루어진 점, 간접흡연의 폐해가 명백해지면서 공공장소를 흡연구역과 비흡연구역으로 나누어야 한다는 점 등 어느 정도 진보가 있었다고 할 수 있다.

후생성 보건의료국 지역보건·건강증진 영양과가 계획단계에서 준비한 자료 『건강일본 21』을 보면, 2010년까지 달성하고자 하는 수치목표 설정이나 2005년과 2010년에 실행할 중간·최종평가를 함에 있어서 각국의 건강정책을 비교·검토하며 열심히 공부했다는 것이 깊이 전달된다. 그러고 보면 뒤에서 이야기할 미국의 '헬씨 피플(Healthy People) 2000'도 원래 WHO 유럽사무국 지역 내 'Health for All(모든 이를 위한 건강)'을 참고로 한 것이다.

생각해 보면, 제2차 세계대전 이후 일관되게 후생성의 젊은 사무관들을 미국의 후생성이라고 할 수 있는 NIH(국립위생연구소)나 하버드 대학 등에 유학시켜온 성과가 서서히 나타나고 있는 것 같다. 미국에서는 하나의 대책을 세울 때 수치목표와 달성도를 함께 가늠하는 평가가 따르는데, 그 중요성을 익힌 젊은 관료가 지금은 과장급이 되어서 구체적인 건강정책을 내놓음으로써 결실을 맺고 있다고 할 수 있다.

'건강일본 21'의 7가지 암 대책

'건강일본 21'의 목표는 아래와 같이 9개 분야 70항목에 걸쳐 있다.

① 영양·식생활(14항목), ② 신체활동·운동(6항목), ③ 휴양·정신건강 증진(4항목), ④ 담배(4항목), ⑤ 알코올(3항목), ⑥ 치아건강(13항목), ⑦ 당뇨병(8항목), ⑧ 순환기병(11항목), ⑨ 암(7항목)

9개 분야의 70항목에는 2010년까지 개선해야 할 목표치를 설정하고 있다(그림3-1). 그러나 담배대책에는 수치목표가 눈에 띄지 않는다.

미국과 일본의 대암(對癌) 전략

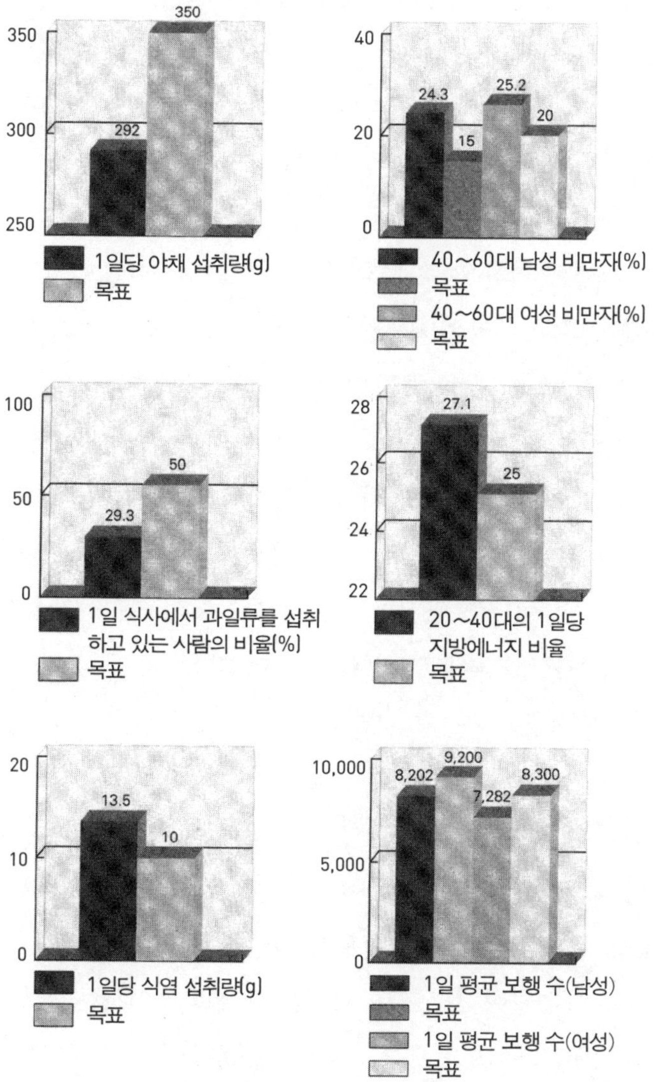

첫 번째 그래프 (좌상단)
350
300 — 292
250
350
■ 1일당 야채 섭취량(g)
□ 목표

두 번째 그래프 (우상단)
40
24.3   15   25.2   20
20
0
■ 40~60대 남성 비만자(%)
■ 목표
□ 40~60대 여성 비만자(%)
□ 목표

세 번째 그래프 (좌중단)
100
50 — 29.3   50
0
■ 1일 식사에서 과일류를 섭취
하고 있는 사람의 비율(%)
□ 목표

네 번째 그래프 (우중단)
28   27.1
26
24   25
22
■ 20~40대의 1일당
지방에너지 비율
□ 목표

다섯 번째 그래프 (좌하단)
20
13.5   10
10
0
■ 1일당 식염 섭취량(g)
□ 목표

여섯 번째 그래프 (우하단)
10,000   8,202   9,200   7,282   8,300
5,000
0
■ 1일 평균 보행 수(남성)
■ 목표
□ 1일 평균 보행 수(여성)
□ 목표

그림 3-1 | '건강일본 21'의 주요 수치목표

당초에는 흡연율을 반으로 줄일 것을 거론할 예정이었으나, 담배세를 지키고 싶은 재무성(우리나라 재정경제부에 해당)과 담배 생산 농가 등의 뜻을 수렴한 농수산성의 맹렬한 반대로 철회되었다는 얘기다. 그 정도로 일본의 흡연정책은 세계적으로 봤을 때 많이 뒤처져 있었다.

암 예방을 위한 7가지 항목을 요약하면, 금연하고, 식염을 삼가고, 신선한 야채와 과일을 가능한 한 매일 섭취하고, 지방 중에서도 특히 육류와 유제품의 과잉섭취는 피하고, 생선 등을 먹고, 술을 과도하게 마시지 않고, 암 검진을 받는 것이다. 다시 말하면, 암 예방은 금연과 식생활을 고침으로써 가능하다는 역학자들의 의견이 정부의 건강대책 '건강일본 21'에서 공식적으로 발표된 것에 다름 아니다.

과학적 데이터에 근거한 정책결정이 획기적인 전기(轉機)를 이루었다고 평가할 수 있을 것이다.

암 예방 12개조

암 예방을 일찍부터 주장해온 이는 국립암센터의 생화학부장, 연구소장, 총장을 역임한 스기무라 타카시(杉村隆)다. 본래 국립암센터는 대대로 총장이 스스로의 방침을 내세워 운영하는, 국립연구소 중에서도 매우 깐깐하면서도 고루한 곳으로 통한다. '의견이 맞지 않는 자는 나가라!'는 스타일이라서 관료도 국립암센터는 얕잡아볼 수가 없다. 정년까지 있겠다고 마음먹는 연구자도 얼마 되지 않을 정도다.

　1975년 무렵 나는 미국 NCI(국립암연구소)의 병리 분야에 있었는데, 국립암센터의 혈액병리를 담당했던 오오호시 쇼이치(大星章一)가 니이가타(新潟) 대학 교수가 되면서 그 뒤를 담당해주지 않겠느냐는 의뢰를 받고 귀국했다. 그후 내가 병리실장이 된 지 10년쯤 되었을 때, 연구소 역학부장인 히라야마 타케시(平山雄)가 퇴직하면서 2, 3년 그 자리가 공석이 되었다. 그때 스기무라 연구소장은 새로운 역학을 기대하면서 나를 2년에 걸쳐서 몇 개월씩 재차 NCI로 유학을 보내 역학에 관련한 공부를 맹렬히 시켰다.

　귀국 후 일본과 미국의 암에 관한 역학을 비교했을 때 어떠냐고 그가 질문했다. 나는 '작은 어선과 항공모함 엔터프라이즈호의 차이다'라고 답할 수밖에 없었다. 그러나 '보스턴 마라톤에서도 지하철을 이용하면 선두집단으로 끼어들어갈 수 있다'는 그의 말을 듣고서 역학부장 자리를 이어받았다. 나중에 히라야마 씨에게 들으니, 스기무라 연구소장으로부터 타진을 받았을 때 '와타나베라면 아이들에게 발생하는 악성 림프종인 버킷 림프종(Burkitt's Lymphoma)을 보기 위해 미국까지 가서 이 암을 발견한 버킷 박사와 만날 정도로 행동력이 있으니까 괜찮을 것'이라며 추천했다고 한다.

　그 스기무라 연구소장과 초대 역학부장인 히라야마 타케시, 부소장인 가와우치 스그루 등이 출장에서 돌아오는 열차 안에서 '암 예방 가이드라인이 있으면 좋겠다'며 얘기를 나눈 것이 계기가 되어 탄생한 것이 바로 동물실험과 역학적 연구를 토대로 작성한 '암을 예방하기 위한 12개조'다.

〈암 예방 12개조〉

① 영양을 균형 있게 섭취한다

② 매일 변화가 있는 식생활을 한다

③ 과식을 피하고 지방 섭취는 삼간다

④ 술은 적당히 마신다

⑤ 담배는 줄인다

⑥ 적당량의 비타민과 섬유질을 섭취할 수 있는 음식을 많이 먹는다

⑦ 맵고 짠 음식은 적게, 너무 뜨거운 음식은 식혀서 먹는다

⑧ 탄 부분은 피한다

⑨ 곰팡이가 핀 것에 주의한다

⑩ 햇볕을 너무 쬐지 않는다

⑪ 적당히 운동한다

⑫ 몸을 청결히 한다

이 '암 예방 12개조'는 발표되었던 때가 1975년경인 만큼 세계적으로도 선구자격인 제언이었으며, 실제로 미국이나 다른 나라들에도 영향을 미쳤다.

금연 항목을 저지하는 JT의 압력

'암 예방 12개조'는 실생활에서의 응용을 촉구했다는 점에서 획기적인 것이다. 그러나 다섯 번째로 든 흡연에 관한 주의는 '담배는 줄

인다'라는 식으로 다소 소극적인 느낌이 든다. 몇 년 전에야 간신히 보충문구가 붙여져 '담배는 피우지 않도록……특히 새로이 흡연을 시작하지 않는다'로 변경되었을 정도다.

너무 늦은 일보전진이 아닐 수 없다. 그 사이에 폐암이 암 사망률 1위가 되어 버렸기 때문이다. 그런데 그렇게 된 데는 실은 내막이 따로 있었다. 국립암센터의 지원기관인 암연구진흥재단은 일본담배산업(JT. 우리나라의 담배인삼공사와 같은 곳)으로부터 매년 2000만~3000만 엔이나 되는 연구비를 받고 있었기 때문에 금연을 강하게 주장할 수 없었던 것이다. 일본 전매공사 시절부터 여러 대학에 어용학자가 있어서 그들은 JT가 주는 연구비를 받는 대신에 과학자로서 할 수 없는 담배 옹호발언을 반복해왔다. 의학평론가로 골초인 M씨도 그 중 한 사람이었다. 그는 매스컴을 통해서 흡연의 해로움을 부정하며 오히려 담배의 효용을 늘어놓았다. 그러나 그도 2, 3년 전에 발가락 등이 괴사하는 뷰르거병(Buerger's disease, 폐색성 혈전혈관염. 흡연자들에게 많이 나타나는 병)에 걸리고 말았다. 폐암의 증가를 조기에 저지하지 못한 원인을 만든 사람 중 하나이기도 한 만큼 국민을 혼란스럽게 한 죄는 크다 하겠다.

담배에 대한 항목은 가까운 장래에 암 예방 12개조 가운데 톱의 위치에 오르게 될 것이다. 후술(後述)할 '제3차 대암(對癌) 10개년 종합전략'을 정리한 유직자회의의 스기무라 타카시 의장은 '모든 질병 예방의 출발점으로서 금연대책에 힘을 쏟을 것이며, 12개조 맨 앞에 금연을 명문화할 것이다'라고 말했다.

미국과 일본의 대암(對癌) 전략

감염에 의한 암을 예방하는 법

암의 원인으로서 감염증은 현재 20%에 가깝다. 제1장에서 자궁경부암은 인간 유두종 바이러스 감염이 관계되어 있다고 했지만, 에이즈 감염이 세계적으로 크게 확대되고 있는 만큼 에이즈가 일으키는 암도 예방하는 것이 매우 중요하다. 암 예방 12개조의 열두 번째인 '몸을 청결히'는 이들 감염과 관련한 암을 예방함에 있어서 중시했으면 하는 항목이다.

에이즈는 인간 면역부전 바이러스(HIV)에 의해서 야기되는 병으로, 성행위나 바이러스에 오염된 수혈 등을 매개로 해서 감염된다. 일본에서의 감염자(Carrier, 보균자)는 혈우병이나 약해(藥害)피해자를 제외하면 대부분이 성적 접촉이 원인이다. 현재도 새로운 감염자는 계속 증가하여 연간 600명을 넘고 있다. 중국에서도 지금까지 4만 5000명이라고 알려졌지만, 실제로는 84만 명으로 발표되었고, 세계적으로 봤을 때 감염자는 3000만 명 이상으로 보인다.

에이즈가 진행되면 면역작용이 저하되기 때문에 카리니폐렴 등의 기회감염(Opportunistic pathogens, 면역체계가 정상적으로 작동하지 않을 때에 발생하는 감염)이 되기 쉬워진다. 선진국에서는 치료가 다방면으로 이루어져서 조기에 사망하지 않는다. 면역부전에서 다시 암(카포지육종[Kaposis sarcoma]이나 악성 림프종)이 발생해 사망하는 것이 3분의 1 이상이다. 에이즈 예방에 필요한 것은 바른 성교육의 보급과 함께 건전한 성 습관을 통해서 HIV의 감염을 저지하는 일이다. 덧붙여, 음부를 포함해서 몸을 청결히 유지하는 것도 매우 중요하다. 위험성이 있는 성교를 할 때는 반드시 콘돔을 착용하고 성교 후의 샤워나 입욕은 필수다.

암 예방 12개조를 수정하면서 한때 제12조를 '사랑이 있는 생활은 에이즈를 예방한다' 는 캐치프레이즈로 바꾸자는 의견이 나왔지만, 스기무라 연구소장의 '뭐, 이대로 괜찮지 않겠나?' 라는 한마디에 밀려 결국 철회되고 말았다.

대암 10개년 종합전략

제2차 세계대전 후에도 계속 증가하는 암 사망률을 감안하여 1962년 츠키지(築地)에 국립암센터가 설립되었다. 미군으로부터 반환된 구(舊) 해군병원 땅을 이용한 것이다. 1981년 암이 뇌졸중을 누르며 일본인 사망원인 제1위가 되자, 긴급하게 암 대책을 세울 필요성이 생겼다. 그리고 그로부터 국가의 암 대책이 종합적으로 개시된 것은 3년 후인 1984년이었다. 후생대신(우리나라의 보건복지부 장관) 등 5명의 각료로 구성된 '암 대책 관계 각료회의' 가 만들어져 '암 대책 전문가회의' 의 보고를 토대로 '대암(對癌) 10개년 종합전략' 이 탄생했다. 당시 나카소네 야스히로 수상이 국립암센터를 내방했을 때 휘호한 '불석신명(不惜身命)' 이란 액자는 지금도 연구소 소장실에 걸려 있다. '암 연구에 매진하라' 는 뜻일 것이다.

'대암 10개년 종합전략' 은 후생성, 문부성, 과학기술청, 이 세 기관의 공동사업으로 해서 매년 50억 엔이라는 거액의 연구비를 지원받을 수 있었다. 이렇게 해서 '대암 10개년' 전략은 1993년까지 10년간

암 유전자와 바이러스에 의한 발암 연구, 발암 촉진과 발암 억제에 관한 연구, 새로운 조기진단 기술과 치료법 개발 등 기초연구를 크게 진전시키게 되었다.

그 중에서도 특히 중요한 전력(戰力)이 된 것이 국립암센터가 처음으로 실시한 외국인 연구자의 초빙, 리서치 레지던트(연수연구원)의 채용, 연구자의 해외 연구시설로의 파견 등이었다. 국립암센터의 연구소는 정원제라 연구원의 규모를 대폭적으로 늘릴 수 없어서 미국이나 유럽 등에서 온 20명의 외국인 연구자와 30명의 리서치 레지던트가 일본의 암 연구를 크게 진전시키게 된 것이다.

특히 리서치 레지던트는 당시로서는 드물게 공모제로, 학벌을 초월하여 일반인 중에서 폭넓게 모집한 덕분에 우수한 인재가 모이게 되었다. 더욱이 필기시험이나 면접 등으로 개인의 능력을 살펴본 후 채용한 만큼 모두 나름대로 역량이 있어서 세계적인 논문이 몇 편 나오는 성과를 거두기도 했다. 현재 하마마츠(浜松) 의과대학 병리학 교수인 스기무라 하루히코 씨도 공모에 합격한 후 내 밑에서 주로 발암 유전자 연구에 성과를 올렸던 레지던트 중 한 사람이다.

유전자 치료의 발판을 만들다

'대암 10개년' 전략의 중요한 성과는 단연 유전자 연구다. 암은 암 유전자나 암 억제유전자 등 복수의 유전자 변화가 쌓인 결과 발생한다는 것을 이 연구를 통해서 확실히 알 수 있었기 때문이다. 이 성과가 없었다면 일본의 유전자 연구는 매우 뒤처졌을 것임은 물론, 게놈 프로젝트로도 연결되지 못했을 것이다. 국립암센터는 성인 T세포 백혈병 연구에 의해서 레트로 바이러스(Retrovirus) 연구를 축적할 수 있었고, 그것을 토대로 시모토오노 쿠니타다(下遠野邦忠) 부장이 암 바이러스인 C형 간염 바이러스의 전 구조를 밝히는 등 큰 성과를 이루어냈다.

'대암 10개년' 전략에 의해서 암 치료법 개발에 필요한 임상실험제도의 기초가 완성된 점도 특별한 일이다. 그 이전에는 제약회사가 의대 교수에게 수천만 엔의 위탁비를 건네 의약품으로 인가되도록 편의를 도모해주는 사례가 많았다. 그러던 것이 제1상(相), 제2상, 제3상, 이렇게 3단계의 임상실험의 순서가 확립된 후 단기간 내에 필요한 환자 수를 모아야 하므로 다시설(多施設) 공동연구가 조직되었다. 더불어 진단이나 치료법이 표준화된다는 이점도 생겼다.

먼저 제1상 시험에서는 개발한 약이 사람에게 어떤 효과를 미치며 독성이 있는지 없는지를 조사하고, 제2상 시험에서는 어느 정도의 용량이 가장 효과를 올리는지를 연구하며, 제3상에서야 비로소 개발한 약과 플라시보(僞藥, 편집자 주 : 효과가 없는 가짜 약)를 이용하여 지금까지의 치료법과 비교한다. 그리고 제3상에서는 중립의 평가위원회가 통계학적으로도 평가한다. 현재도 시모야마 마사노리(下山正德) 박사(전 약제화학요법 부장)를 중심으로 임상실험센터가 운용되고 있으며, 후생노동성의 윤리지침 등도 이 그룹의 방침에 중요한 핵심이 되고 있다.

암 환자의 삶의 질

'대암 10개년 종합전략'에 이어서 1994년부터는 마찬가지로 후생성, 문부성, 과학기술청 세 기관의 공동사업으로 '암 극복 신 10개년 전략'이 개시되었다. 이 암 전략에서 주목해야할 점은 암 환자의 QOL(삶의 질)에 관한 연구다.

암이 전이되거나 재발되어서 전신으로 퍼지면 완치를 목적으로 한 치료는 거의 불가능해진다. 그런데 지금까지의 치료는 오로지 연명을 위한 것으로, 환자 개인의 존엄성이나 쾌적한 환경은 경시되고 있었다. 수액(輸液) 튜브를 몇 개나 달고 죽어가는 상태를 '스파게티 증후군(역자 주 : 환자를 진단하고 치료할 때 파이프나 튜브, 전선이 뒤엉켜 환자가 보이지 않게 되는 상태)'이라 부르는데 이런 것이 사회문제화되었던 것은 분명하다.

국립암센터에서는 분원을 치바(千葉)현 가시와(柏)시에 건설하고, 그곳에 처음으로 완화치료병동을 설치하여 말기 암 환자의 고통을 경감시켜 마지막까지 생을 다할 수 있도록 도움을 주는 터미널 케어(Terminal Care, 역자 주 : 말기 암 환자 등 치유 가능성이 없는 환자를 돌보는 것)에 착수하게 되었다. 나는 정보위원장을 맡고 있었기 때문에 히타치(日立)와 함께 본원과 분원을 광섬유로 연결하여 진료지원형 컴퓨터 시스템을 개발했다. 이로써 환자가 어느 병원에 있건 전자 차트(병원 진료기록부)를 통해서 검사정보나 치료정보를 신속하게 얻을 수 있게 되었다. 아울러 항암제가 필요량 이상으로 처방되거나 해서 부작용이 발견되었을 때는 자동적으로 경고가 내려지게 되었다.

한편, 츠키지의 국립암센터에서는 중앙병원을 새로 지어 나는 신(新) 병동의 설계에도 관여하게 되었다. 마침 건설 전에 딱 맞는 좋은 모델이 되어준 것이 성누가 국제병원이다. 후생성 설계관료들도 환자의 쾌적한 환경을 염두에 둔 이 훌륭한 병원을 보고 벤치마킹해보자는 의욕으로 적극적이 되었다. 그 결과, 쾌적한 환경을 중시하는, 국립병원답지 않은 매우 현대적이고 새로운 병동이 무사히 건설되었다. 고층건물 옥상에 구급용 헬리콥터까지 있는 국립병원은 처음이었다.

국립암센터가 처음으로 검진연구에 나서다

2004년부터는 후생노동성과 문부과학성에 의한 '제3차 대암 10개년 종합전략'이 개시되고 있다. 전략목표는 '암의 이환율과 사망률의 격감'으로, 이 목표를 달성하기 위한 3가지 요점사항은 '암 연구의 추진' '암 예방의 추진' '암 의료의 향상과 그것을 지지하는 사회적 환경의 정비'다.

그리고 그 가운데서도 가장 중시하고 있는 것이 '암 예방의 추진'이다. 이환이나 치료효과를 알기 위해서는 암 등록이나 환자 등록에 대한 데이터를 정리해서 분석할 필요가 있으며, 정보가 중요하기 때문이다. 암 대책이 화제가 되었을 때 암 정보센터에 관한 구상이 크게 대두된 적이 있는데, 이제서야 그를 향한 첫걸음이 실현될 것 같다. 실제로 국립암센터에서는 2004년 1월 21일에 새로운 검진기술 개발과 시험에 착수하기 위해 '암 예방·검진연구센터'를 열었다. 암 연구와 치료가 중심이었던 동(同) 센터가 검진효과나 개발쪽의 일을 하는 것은 처음 있는 일로, 연간 5000명의 검진대상자를 공모하여 검사를 실행하고, 유전자정보 등을 모아 암에 걸리기 어려운 체질이나 식품 등을 밝혀내게 된다. 이 검진사업은 암과 식생활의 관계를 한층 과학적으로 해명하는 첫걸음이 될 것이다.

현재 암 연구의 수준이 첨단에 올라 있는 것은 일단 제쳐두더라도 암 치료 수준 또한 거의 정점에 도달한 상태로, 그럼에도 불구하고 일본에서의 암 사망자 수는 조금도 줄지 않고 있기 때문에 어쨌든 암에 걸리지 않기 위한 1차 예방을 강력히 추진하기로 한 것이다.

기대되는 민간 대암운동

민간 대암운동의 경우는 '대암협회'와 같은 전국조직이 있지만, 건강진단사업 주도의 이른바 2차 예방을 우선시해왔다. 1차 예방으로 이어질 만한 운동으로는, 2000년 7월에 만들어진 NGO의 '청과물건강추진위원회'와 후술할 미국의 '5 A Day' 운동을 따라한 '파이브 어 데이 협회'가 있다. 전자는 JA(농협)이나 시장·유통업자 등이 모체가 된 것으로, 하루에 야채와 과일을 일곱 접시 섭취하기 운동을 진행하고 있다. 더불어 상세한 지식을 전달해 주는 '야채 소믈리에' 강습이나 검정시험도 실시하고 있다.

한편, '5 A Day' 운동은 미국에서 널리 전개되고 있는 식사개혁운동으로, 그 일본판이 '파이브 어 데이 협회'다. 이 협회가 슬로건으로 내건 것은 '하루에 다섯 접시 이상의 야채와 200g 이상의 과일을 먹자'이다. 야채의 '1일 다섯 접시'는 '건강일본 21'이 목표로 하고 있는 1일당 야채 섭취량 350g을 야채요리 다섯 접시로 바꾼 양이다. 생야채만을 350g이나 먹는 것은 힘들지만, 감자·고구마류나 버섯류도 포함해서 나물 등 요리가 된 야채 한 접시 중량을 70g으로 하고 있기 때문에 하루에 다섯 접시 이상 섭취하기가 어려운 일은 아니다.

과일 1일 200g 섭취는 식생활추진전국회의가 설정한 1일 섭취목표량 200g과 동일하다. 귤 정도 크기의 과일이라면 1일 2개, 사과 크기 정도의 과일은 1일 1개만 섭취하면 200g을 채울 수 있다. '파이브 어 데이 협회'가 진행하는 이 운동은 야채 섭취량이 줄고 있는 일본에서 야채와 과일 섭취량을 늘려 건강을 도모하자는 취지의 실효성 있는 사업으로, 물론 암 예방에도 효과적이다.

미국인에게 충격을 준 '마크 거번 리포트'

미국에서 왜 '파이브 어 데이' 운동이 탄생한 것일까? 여기서 미국으로 눈을 돌려보자. 미국의 암 정책은 1960년대 후반에 시작되었다. 당시의 닉슨 대통령은 '대암 전쟁'이란 말을 표어로 내걸면서 암의 최대 위험인자라 할 담배의 소비량을 저하시키기 위한 운동을 전개했다. 참으로 장렬했던 이 담배와의 전쟁과정은 뒷장에서 다시 살펴보기로 하자.

식사에 의한 질병 예방은 '마크 거번 리포트'라 불리는 보고서가 큰 영향을 끼쳤다. 이것은 1977년 조지 S. 마크 거번 상원의원이 위원장으로 있던 '영양과 인간의 수요 특별위원회'가 '미 합중국의 식사 목표(Dietary Goals for the United States)'로서 발표한 것이다. 마크 거번 상원의원은 1972년 대통령 선거에 출마했으나 닉슨에게 완패하고 말았는데, 어쩌면 낙선의 충격이 자신이 공표한 리포트로 인해 미국 국민들이 받은 충격에 의해서 치유되었을지도 모르겠다.

어쨌든 미국인들은 마크 거번 상원의원이 말한 대로 '건강을 증진시키기 위해 식생활을 하고 있지만, 식품에 대해 혼란스러워하고 있는 국민'이었다. 미국인들이 평소 즐겨먹고 있는 것은 햄버거나 포테이토 칩, 아이스크림, 소프트 드링크 등으로, 마크 거번은 이러한 미국의 식생활이야말로 생명을 앗아가는 죽을병의 토대라고 잘라 말했다.

마크 거번 상원의원이 '미 합중국의 식사목표'를 발표한 배경에는, 육류 과잉섭취로 인해서 야기되는 심근경색이나 암 등의 질병이 의료비 증대의 한 원인이 되고 있다는 사실이 있었다. 1977년 1월 14일 개최된 기자회견에서 그는 이렇게 말했다.

"우리의 식사는 최근 50년 동안 근본적으로 변화하여 계속적으로 건강에 악영향을 미치고 있다. 이러한 식사의 변화는 흡연과 마찬가지로 공중위생을 심히 위협하는 것이다. 다량의 지방, 다량의 설탕, 다량의 식염은 심장병, 암, 비만, 뇌졸중 등 생명을 앗아가는 질병과 직결되는 것으로, 미 합중국 국민의 10가지 주요 사인 중 6가지는 우리가 하고 있는 식사와 관련이 있다. 정부 관계자는 바로 이러한 사실을 인식할 의무를 지니고 있다."

식생활 서구화에 경종을 울리는 7가지 지침

미국인의 잘못된 식생활을 개선하기 위한 구체적인 방책으로서 열거된 것이 다음 7가지 지침이다. 어느 것이나 암 예방에 도움이 되는 목표라 할 수 있고, 내게는 식생활이 상당히 서구화된 현대 일본에 대한 경종으로도 들린다. 현재 미국은 비만대책에 직면한 상태지만, 일본 역시 비만자의 증가는 깊은 주의가 요구된다.

'미 합중국의 식사목표'의 7가지 지침은 다음과 같다.

① 과일, 야채, 전립(全粒, 편집자 주 : 껍질을 벗기지 않은) 곡물의 섭취를 늘리자

② 육류(쇠고기, 돼지고기, 양고기 등)의 섭취를 줄이고, 닭고기와 생선의 섭취를 늘리자

③ 지방이 많은 식품의 섭취를 줄이자

④ 전유(全乳, 편집자 주 : 지방을 뽑지 않은 자연 상태의 우유) 대신에 탈지유를 섭취하자

⑤ 콜레스테롤을 많이 함유한 유지방(버터류)이나 달걀 등의 섭취를 줄이자

⑥ 설탕의 섭취량을 줄이자

⑦ 식염의 섭취량을 줄이자

'마크 거번 리포트'를 작성한 상원의원이 소속되어 있는 '영양과 인간의 수요 특별위원회'는 NCI(국립암연구소)에 영양(식사)과 암의 관계를 조사·연구하도록 요구했다. 그리고 NCI에서는 이 지시를 받아들여

식사와 깊은 관계가 있는 암 기초연구를 한층 더 진행하게 되었다.

한편, 미(美) 과학 아카데미는 1982년 보고서 『식사와 영양과 암』 (Diet, Nutrition, and Cancer)을 간행했다. 이 보고서에서는 '지방의 과다섭취는 암을 증가시키고, 야채와 과일, 전립곡물을 중시한 식생활이 암의 이환율을 저하시킨다'고 시사하였으며, 역시 NCI에 이들 식사와 암의 관계를 실험이나 역학조사 등을 통해 명확히 밝혀줄 것을 제언했다.

수도 워싱턴에 있는 미 과학 아카데미는 1963년 설립되어 필요에 따라 정부에 조언을 줄 만큼 권위 있는 과학자 단체다. 따라서 NCI는 마크 거번 상원의원이 소속된 '영양과 인간의 수요 특별위원회'와 연방 정부에 그 의견이 반영되는 '미 과학 아카데미' 쌍방으로부터 식생활로 암 예방이 가능한지의 여부를 연구하는 중요한 임무를 맡게 되었다.

식품의 암 예방력을 등급별로 나눈 '디자이너 푸드(Designer Food)'

1990년, NCI는 마침내 '디자이너 푸드' 계획을 발표했다. 마크 거번 위원회와 미 과학 아카데미의 권고에 대한 하나의 해답으로 생각해도 좋을 것이다. '디자이너 푸드' 계획이 연구대상으로 삼은 것은 야채나 과일, 곡류, 해조류 등 식물성 식품이다. 식물성 식품에는 어떤 화학물질이 함유되어 있는지를 연구함과 동시에 식품 내의 화학물질을 변화시켜 암 예방효과를 더욱 높일 수 있는가를 연구하는 목적도

띠었다고 할 수 있다.

그 결과, 몇만 종류나 되는 화학물질 중 600종에 암 예방효과가 있을 가능성이 판명되었다. 예를 들어 녹차 등에 함유되어 있는 카테킨(탄닌이라고도 함) 등의 폴리페놀군이나 야채, 과일, 해조류에 함유되어 있는 카로티노이드군, 허브 등의 테르펜(Terpene)과 같은 휘발성 성분 등이다.

그리고 이러한 암 예방을 기대할 수 있는 화학물질을 함유한 식품을 피라미드 형태로 나누어 나열해서 발표한 것이 '디자이너 푸드 피라미드' 다. 야채나 과일은 세 가지 등급으로 나누어지며, 피라미드 상단으로 갈수록 암 예방의 효과가 높고 중요도도 높다고 할 수 있다. 단, 동일한 등급에 나열된 각 식품의 암 예방 가능성에는 우열이 없다 (그림 3-2).

미국인 사망 원인을 살펴보면 심장병이 1위, 암은 2위를 차지하고 있다. '디자이너 푸드 피라미드' 에서는 이 2가지 병을 야채와 같은 식물성 식품이 강력하게 예방한다고 밝히고 있다. 뿐만 아니라 피라미드라는 이해하기 쉬운 형태로 식품을 등급별로 나눴기 때문에 이후 미국인은 생야채에 한층 더 주목하게 되었다.

자이언트(미국의 대규모 슈퍼 체인)와 같은 대규모 슈퍼마켓에는 '암 예방식품 코너' 가 마련되어 야채샐러드 등을 판매하고 있으며, 셀프 서비스 형식의 샐러드 카운터를 구비한 슈퍼마켓이나 레스토랑도 늘고 있다.

존 마크 거번 상원의원이 비판한, 햄버거나 핫도그, 포테이토 칩을

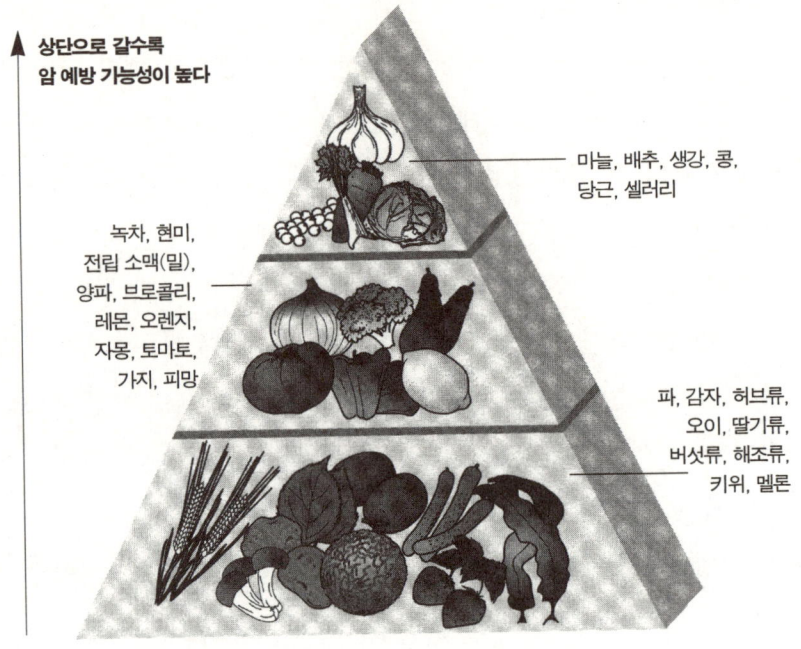

상단으로 갈수록
암 예방 가능성이 높다

마늘, 배추, 생강, 콩,
당근, 셀러리

녹차, 현미,
전립 소맥(밀),
양파, 브로콜리,
레몬, 오렌지,
자몽, 토마토,
가지, 피망

파, 감자, 허브류,
오이, 딸기류,
버섯류, 해조류,
키위, 멜론

그림 3-2 | 디자이너 푸드 피라미드

미국의 국립암연구소가 발표한 디자이너 푸드 피라미드에서는 암 예방의 유효성이 인정된 식품을 3개
등급으로 나누고 있다. 상단으로 갈수록 암 예방의 가능성이 높아 중요도도 높다고 할 수 있다.

즐기던 미국인의 식생활은 식품업계나 외식업계에도 큰 영향을 주게
되어 후일 식품 관련 업계들은 착실히 건강을 지향하는 쪽으로 방향
을 수정했다.

헬씨 피플(Healthy People) 2000

'디자이너 푸드' 계획이 실시되기 3년 전부터 준비가 진행된 미국

의 '헬씨 피플 2000'은 선대(先代) 부시가 집권하던 1990년에 발표되었다. 정식 명칭은 '헬씨 피플 2000 — 국민의 건강증진과 질병 예방 목표'이다. 이것은 20세기의 마지막 10년간(1991~2000년) 달성할 목표를 22가지 우선분야로 계통을 세우고, 목표는 319항목에 이르는 거국적인 대규모 건강정책이었다.

22개 우선분야에는 물론 암이나 심장병, 뇌졸중, 당뇨병 등과 같은 생활습관병이 포함되었다.

그리고 그 외 '직업상의 안전과 건강' '환경위생' '성행위 감염증' 'HIV의 감염' 등도 다루어 실로 자세하고 상세한 대책이 완성되었다.

이로부터 10년 후 일본의 후생노동성이 실시한 '건강일본 21'은 '헬씨 피플 2000'의 영향을 많이 받았다고 해도 좋을 것이다.

60%를 초과한 달성·진행률

미 연방정부가 전개한 '헬씨 피플 2000'은 2001년에 미국의 보건 후생부 질병예방관리센터와 전미건강통계센터가 정리한 '헬씨 피플 2000 최종보고'에 의해서 최종적인 수치목표의 달성상황이 밝혀졌다.

그에 따르면, 319개 항목 중 21%는 2000년 목표치를 달성하였고, 41%는 목표치를 향해 전진 중이며, 11%는 성과가 혼합된 상태, 2%는 변화가 없고, 15%는 목표치에서 후퇴한 결과를 나타냈다. 한편, 10%는 경과를 산출할 데이터를 얻을 수 없는 등의 이유로 평가할 수 없었다.

'헬씨 피플 2000의 목표 — 22개 우선분야별 달성상황'에 주목하면, 달성·진행률은 미국인 사인(死因) 1위를 차지하는 심장병(전체 사인의 30%)과 3위의 뇌졸중(전체 사인의 7%) 및 사인 2위인 암(전체 사인의 23%)이 수치목표상 각각 최고 88%나 향상되었다.

전체 암 사망률 저하에 성공하다

암의 경우, 목표는 사망률 저하나 검진을 받는 인구의 증가, 야채와 과일 접시 수 증가 등 17항목에 달한다. 그 중에서도 10만 명당 전체 암 사망률은 1998년 이미 124명이 되어 2000년의 목표치 130명을 조기에 달성했다.

전체 암 사망률의 저하에는 폐암 사망률의 저하가 크게 관련되어 있었다. 미국에서는 1990년까지 폐암 사망률이 계속 상승했으나, 1991년 처음 감소로 전환된 이래 폐암 사망률이 계속 저하하고 있다. 처음에는 낮은 연령대부터 조금씩 감소하다가 마침내 전체 연령에서 눈에 띄게 폐암 사망률이 줄어들었다.

이러한 호전은 미국의 암 연령조정 사망률에 확실히 반영되어 있다. 전체 암 사망률은 1990년에 10만 명당 남성이 164.7명, 여성이 111.7명으로 최고조에 달했고, 1991년 이후 서서히 감소하기 시작해 1998년에는 남성 사망률은 1년 평균 1.5% 감소, 여성도 1년 평균 0.8%가 감소했다.

이는 놀라움을 주기에 충분한 전 부위 암 사망률의 극적인 변화

식사로 암을 예방한다

였다. 1960년대 후반에 시작된 '대암전쟁'에서의 금연운동이 30년 남짓 지나 마침내 효과를 발휘하기 시작한 것이다. 그때까지의 역학을 중심으로 한 미국의 국가적인 암 대책이 결실을 맺었다고 생각해도 좋을 것이다. 선진국 중에서 암 사망률을 저하시킨 나라는 일찍이 없었던 만큼 헬씨 피플 2000의 결과는 확실히 인류가 암과의 싸움에서 거둔 첫 쾌거임에 틀림없다.

암 예방이 국책이 되다

한편, 일본의 암 연구는 기초연구에 있어서는 미국에 결코 뒤지지 않음에도 불구하고 암 사망 증가에 제동을 걸 수 없었다. 국립암센터 총장인 가키조에 타다오(垣添忠生) 씨가 2003년 12월 요미우리 신문에 기고한 '대암전략 앞으로의 길' 가운데 다음 문장에 주목해 보자.

"2004년도부터 제3차 대암 10개년 종합전략이 개시된다. 이는 과거의 제1차, 제2차 전략의 성과를 집대성하는 일로, 후생성, 문부성 양 대신들이 합의하여 현재 예산편성작업 중이다. 나는 대암전략의 중요성이 국책으로서 인정받은 것에 대해 암 관련 연구자로서, 의사의 한 사람으로서, 또한 국민의 한 사람으로서 고맙게 생각한다."

확실히 그가 말한 것은 모두 맞지만, 일본의 대책이 아무래도 기초연구나 치료의 임상연구에만 편중되어 있음을 부정할 수는 없다. 건강을 지키고, 질병예방을 지향하며, 국책으로 의사·연구자·보도기관·식품공급 등 관련 분야가 종합적으로 움직이는, 국민을 위해서 실행되는 미국의 구조와 비교하면 낙후된 부분이 있는 것이다. 금연 하나만 봐도 정부 내의 입장이 제각각인 상태에서는 미국처럼 강력한 실행체제를 만들어낼 수 없다.

암 예방전략이 미국처럼 국책의 하나가 되지 못하는 한, 예방법에 서부터 진단법, 치료법에 이르는 일관된 암 연구가 진행될 수 없을 뿐 만 아니라 국민에게도 이득이 되기는 어렵다. 연구자의 한 사람으로 서 매우 안타까운 일이 아닐 수 없다.

내가 이 책의 집필을 결심한 것도 상부로부터의 암 대책을 기다리 는 대신, 우리들 한 사람 한 사람이 지금부터 실행할 수 있는 암 예방 식생활을 확대하자는 마음에서였다.

미국의 '헬씨 피플 2000'은 목표대로 암 사망률만을 저하시킨 것 은 아니다. 관동맥심질환과 흡연에 기인한 사망률, 나아가서는 에이즈 이환율과 비명횡사(살인, 자살, 권총 등의 소화기[小火器]와 관련한 사망)의 비율을 저하시키는데도 성공했다. 연방정부를 비롯하여 과학 아카데 미, 주 정부, 각 지방단체, 그 지역의 공중위생·교육·의료기관이 일 체가 되어 대성공을 거둔 '헬씨 피플 2000'은 2000년에 '헬씨 피플 2010'이란 새로운 이름과 함께 다음 목표가 세워지면서 현재도 계속 되고 있다.

미국인의 야채와 과일 섭취량을 늘린 '5 A Day' 운동

'헬씨 피플 2000'이 발표된 다음 해인 1991년, '좀더 건강해지기 위해 하루에 다섯 접시 이상의 야채와 과일을 섭취하자'라는 '5 A Day(파이브 어 데이)' 운동이 시작되었다.

이 운동을 추진하는 기관은 NCI(국립암연구소)와 청과산업을 대표하는 비영리 소비자 교육재단인 '베타 헬스 농산물재단'이다. 그 외에도 미국암학회, 연방정부의 질병관리센터(CDC), 청과공동조합, 농산물 마케팅 조합, 전미영양사업연합 등이 협력해서 활동하고 있다. 미국의 일반 시민에게 매일 5접시 이상의 야채와 과일을 섭취하면 암의 위험은 물론, 심장병이나 고혈압, 당뇨병, 기타 질병의 위험도 경감시킬 수 있다는 사실을 알리고 있는 것이다.

'5 A Day' 운동이 전국적인 운동으로 발전해나갈 수 있었던 것도 관민이 공동으로 진행하고 있기 때문이다. 주(州)와 군(郡)의 건강기관, 주 정부의 교육성과 농무성, 병원, 자원봉사 조직, 기업, 협동조합까지 매우 폭넓은 기관들이 이 운동에 참여하고 있다. 운동을 개시한 지 불과 3년만에 미국인의 1일 야채와 과일 섭취량이 증가하기 시작했다. 농무성의 데이터 결과에서 1989년 ~ 1991년까지 매일 평균 3.9접시였던 성인의 야채 · 과일 섭취량이 '5 A Day' 운동 개시 3년 후인 1994년 ~ 1996년에는 1일당 평균 4.6접시로 조사되어 빠른 시일 내에 '5 A Day'가 달성될 조짐을 보인 것이다. 그리고 이러한 성과를 발판으로 2000년부터는 한 단계 더 높은 '미국인의 50%가 1일 5접시 이상의 야채와 과일을 섭취한다'를 지향하고 있다.

오늘부터 실행할 수 있는 '5 A Day'의 14가지 힌트

국립암연구소(NCI)는 매스컴을 통해서 '5 A Day'에 대한 지식의 보급을 도모하고 있다. 그 중의 하나가 다음의 '1일 5접시를 즐겁게 실행할 수 있는 방법'이다. 매우 구체적이며 이해하기 쉬워서 누구나 금방 응용할 수 있다.

〈1일 5접시를 즐겁게 실행할 수 있는 14가지 방법〉

① 매일 아침식사로 1개의 과일이나 1잔의 과일주스 또는 야채주스를 섭취하자

② 매일 1개의 과일이나 야채가 있는 가벼운 식사를 섭취하자

③ 말린 과일이나 야채, 냉동한 과일이나 야채, 과일·야채 통조림을 구비해두자

④ 집안 잘 보이는 곳에 야채와 과일을 놓아두자

⑤ 전자렌지로 야채를 가열해서 저녁식사 때 섭취하자

⑥ 이동 중에 뭔가 먹고 싶어졌을 때는 사과나 오렌지, 바나나, 배 등 갖고 다니기 편한 과일을 1개 섭취하자

⑦ 꼬마당근, 브로콜리, 셀러리와 같은 생야채를 간단한 식사로 섭취하자

⑧ 항상 샐러드를 신속하게 섭취할 수 있도록 슈퍼마켓 야채코너에 완성된 상태로 진열되어 있는 샐러드를 선택하자

⑨ 피자에 시금치, 토마토, 푸른 고추, 양파를 얹자

⑩ 와플이나 핫케이크, 토스트에 생이든, 냉동이든, 통조림이든 상

관없이 딸기나 블루베리, 바나나 등의 컬러풀한 과일을 첨가하자

⑪ 가볍고 먹기 편한 식사용으로 책상이나 차안에 말린 과일을 넣어둔 봉투를 준비해두자

⑫ 생이나 냉동야채를 면류나 오믈렛에 넣어 조리하자

⑬ 생이나 냉동 딸기류, 얼음, 요구르트를 믹서에 넣고 갈아서 손쉽게 음료를 만들자

⑭ 강낭콩, 완두콩, 옥수수 통조림을 이용해서 스프나 소스를 만들자

야채 섭취의 위력

제3장에서 미국과 일본의 대암전략을 되돌아본 바에 따르면, 현 시점에서는 미국의 승리라고 인정하지 않을 수 없다. 일본에서의 위암이나 자궁경부암의 감소는 냉장고 보급, 뇌졸중 감소를 위한 저염식 권장, 욕실 보급이나 위생상태 향상과 같은 암 예방을 지향한 대책의 결과가 아닌, 공공위생대책의 부차적인 성과라 간주할 수 있다. 반면, 미국에서는 가설과 목표를 설정해서 방법을 검토해 국민운동으로까지 그 범위를 확대할 수 있는 수단이 강구되었다. 그리고 그것을 실천함으로써 흡연율 저하나 1인당 야채소비량을 증가시키기에 이르렀다. 미국과 일본의 행정방법이 확연히 달랐음을 실감할 수 있는 것이다.

후생노동성의 국민영양조사에서는 1인 1일당 야채섭취량이 최근 10년 동안 약간 늘어난 정도이거나 거의 변화가 없었지만, 농수산성의 '식료수급표'를 보면 1인당 연간 야채소비량이 1995년을 기점으

로 미국이 일본을 앞지르고 있다. 게다가 얄궂게도 같은 해인 1995년
에 미국과 일본의 암 사망률이 역전되면서 미국이 세계 최초로 암 사
망자 수를 감소시키는 데 성공하기도 했다.

어쨌든 이러한 현실이 우리에게 가르쳐주는 바는, 야채 등의 식물
이 갖고 있는 강력한 암 예방효과다. 암 예방을 염두에 둔 식생활이 보
기에는 매우 평범하게 보여도 반드시 좋은 결과를 가져오는 것이다.

4장

위험을 증가시키는 식품,
위험을 감소시키는 식품

동물성 지방을 과다섭취하면 여러 가지 발암물질이 지방 속에 녹아들기 쉬워 발암이 촉진된다. 더욱이 동물성 지방을 많이 섭취하는 사람일수록 악성도가 높은 암에 걸리기 쉽고, 전이나 재발의 빈도도 높아지는 경향이 있다.

5000여 개 학술논문을 정밀조사한 『식품과 영양과 암 예방』

암은 예방할 수 있는 질병인가? 이 의문에 대해 커다란 시사점을 부여해준 것이 미국 NHI(국립위생연구소)의 위탁연구로 시행된 리차드 돌 경과 리차드 피트 박사가 완성한 '암을 피할 수 있는 요인'이라는 논문이다. 그들은 암이 많은 나라와 적은 나라를 비교하고 역학연구를 재조사해서 암의 원인을 정리했다. 그 결과, 담배가 1/3, 식사가 1/3, 기타 다양한 요인이 나머지 1/3의 원인이 되고 있으며, 이들 원인을 피함으로써 암을 예방할 수 있다고 결론을 내렸다. 이것은 굉장한 논문으로, 금연운동에 큰 반향을 일으켰다. 그러나 원인 분석 위주로 되어 있어서 예방물질까지는 언급하고 있지 않았다. 1981년에 발표된 것이라 예방물질에 관해서까지 언급하기에는 시기적으로 일렀던 것이다.

그로부터 16년 후, '식생활과 그와 관련된 요인(비만, 운동, 음주)의 시정(是正)에 의해서 암은 예방이 가능하다'는 주장을 제시하며 세계적으로 큰 반향을 불러일으킨 것이 1997년에 간행된 『식품과 영양과 암 예방— 세계적 전망(Food, Nutrition and the Prevention of Cancer: a Global Perspective)』이다. 이 연구보고는 실제로 약 5000여개에 이르는 식생활과 암 예방에 관한 세계 학술논문을 8개국 15명의 전문가가 분석·평가한 것으로, 필자 역시 부분적으로 참가했다. 미국암연구협회(AICR)와 세계암연구기금(WCRF)이 완성한 본 보고서는 670페이지에 이르는 방대한 양이다.

본 장에서는 이 보고서의 핵심을 다루면서 실제로 어떤 식품이, 어

떤 라이프스타일이 어느 부위의 암을 예방할 수 있는지를 검증하도록
한다.

『식품과 영양과 암 예방』에서는 '암 예방을 위한 14가지 권고'를
제언하고 있다. 이것은 '식사와 영양 14개조와 금연'이라고 할 수 있
는 것으로, 금연 항목을 포함하면 15개조가 된다. 그리고 보고서 원문
에는 전문가 대상의 공중위생상 목표도 명기되어 있다. 하지만 여기
서는 필요한 경우를 제외하고는 친근하면서 이해하기 쉬운, 개인을 대
상으로 하는 권고만을 다룰 생각이다.

내용은 제1조에서 제3조까지는 식사와 운동, 제4조에서 제8조까
지는 식품과 지방, 제9조에서 제14조까지는 식품의 가공처리에 관한
항목으로 이루어져 있다. 제1조가 가장 중요하고 다음으로 제2조, 제3
조의 순이다.

보고서를 작성한 미국암연구협회와 세계암연구기금은 이들 14개
조와 흡연에 관한 권고를 따르면 암의 발생을 30~40% 예방할 수 있
을 것이라 생각하고 있다. 흡연의 경우에 담배가 식생활에 포함되지
않아서 맨 마지막에 열거되어 있지만, 연구결과에서 담배가 대부분
부위의 암의 위험성을 증가시키는 요인으로 밝혀진 만큼 그 중요성은
매우 크다.

암은 식생활로 75% 예방이 가능하다

암의 발생원인을 피해 암을 줄이자고 제언한 사람은 리차드 돌 경

등이다. 그렇다면 더욱 구체적으로 들어가 특정 식품을 선택하거나 좋은 생활습관으로 바꿈으로써 얼마만큼 암을 예방할 수 있을까? 다음의 14개조와 금연을 지키면 최저 20%, 최고 75%나 암의 발생을 억제할 수 있으리라 예상되고 있다.

〈식생활로 암 예방이 가능한 확률〉

① 구강·인두암 | 음주를 삼가고 야채와 과일을 많이 섭취함으로써 33～50%를 예방할 수 있다고 추정된다. 인두는 이른바 '목'에 해당하며, 구강은 입에서 인두에 이르는 부분이다. 후두는 인두로 이어지는 기관지의 일부로, 성대가 있는 부분이다.

② 식도암 | 음주를 삼가고 야채와 과일을 많이 섭취함으로써 50～75%의 식도암을 예방할 수 있다고 추정된다.

③ 폐암 | 금연하고 야채나 과일을 많이 섭취함으로써 20～33% 예방할 수 있다고 추정된다.

④ 위암 | 야채나 과일을 많이 섭취하고, 음식물을 확실히 냉장하며, 소금이나 고염식품을 삼가면 위암의 66～75%를 예방할 수 있다고 추정된다.

⑤ 간암 | 음주를 삼가고 곰팡이독에 주의함으로써 간암의 33～66%를 예방할 수 있다고 추정된다.

⑥ 결장암과 직장암 | 야채를 많이 섭취하고, 알코올과 육류의 섭취를 줄이며, 적당히 운동함으로써 66～75%는 예방할 수 있다고 추정된다.

⑦ 유방암 | 야채 섭취를 많이 하고, 비만을 피하며, 음주를 삼가면 유방암의 33~50%가 예방가능하다고 추정된다.

'식사와 영양 14개조'를 검증하다

'식사와 영양 14개조와 금연'을 지키기만 해도 정말 이렇게 높은 비율로 암의 발생이 억제될까? 항목 각각의 과학적인 근거를 확인하지 않고서는 바로 납득하기는 힘들다. 그래서 발암을 억제하는 근거를 검토해보려고 한다. '식사와 영양 14개조와 금연'에서는 방대한 양에 이르는 암과 식사·영양 관련 학술논문을 분석해서 각각의 연구성과를 4가지 순위로 나누고 있다. 과학적 증거의 평가가 가장 높은 것은 '확정적', 다음은 '거의 확실', '가능성 있음'으로 하고, 암과의 관련성이 그다지 인정되지 않는 것은 '불충분'으로 표기했다.

14개조는 다음과 같다.

제1조 | 식사내용 : 야채, 과일, 콩류, 정제도가 낮은 전분질의 주식식품이 풍부한 식사를 하자.

제2조 | 체중 : 성인이 된 후부터의 평균체격지수(BMI : Body Mass Index)를 21~23개의 범위 내로 하고, 개개인의 BMI는 18.5~25로 유지하자 — 너무 마르거나 뚱뚱해지는 것을 피하고, 성인기의 체중증가는 5kg 미만으로 억제하자.

제3조 | 신체활동 : 저~중 정도의 활동인 경우는 1일 1시간 속보

를 하고, 1주일에 적어도 1시간은 활발히 운동하자.

제4조 | 야채와 과일 : 1년 내내 다양한 종류의 야채와 과일을 1일당 400~800g 섭취하자.

제5조 | 기타 식물성 식품 : 다양한 곡류, 콩류, 근채류, 감자류, 바나나를 1일 600~800g 섭취하자. 정제도가 낮은 식품을 선택하고 백설탕의 섭취를 제한하도록 하자.

제6조 | 음주 : 음주는 권장할 수 없다. 부득이하게 마실 경우에는 남성은 1일 2잔 이하, 여성은 1잔 이하로 억제하자.

제7조 | 육류 : 육류의 섭취량을 1일 80g 이하로 제한하자. 육류 대신 생선이나 닭고기 등을 선택하자.

제8조 | 총 지방과 기름 : 총 지방과 기름은 총 에너지의 15~30%로 억제하자 ─ 특히 동물성 지방이 많은 식품의 섭취를 제한하고, 적절한 식물성 기름을 조금 섭취하자.

제9조 | 염분과 염장 : 모든 공급원으로부터 염분은 1일 6g 이하로 제한하자 ─ 염장식품을 삼가고, 식탁에서의 소금 사용을 제한하자. 또한 허브나 향신료를 사용해서 조미하도록 하자.

제10조 | 저장 : 상온에서 오랫동안 저장한 음식은 곰팡이독에 오염되기 쉬운 만큼 먹지 말자.

제11조 | 보존 : 부패하기 쉬운 식품은 냉장고에 보관하자.

제12조 | 식품첨가물과 농약잔류물 : 식품첨가물, 오염물질, 기타 잔류물의 레벨이 규제되고 있지 않거나 부적당하게 사용되고 있는 경우는 건강에 해를 끼치게 된다. 이 권고는 특히 개발도상국가에 적용

식품별 암 예방효과가 제시된 논문 수

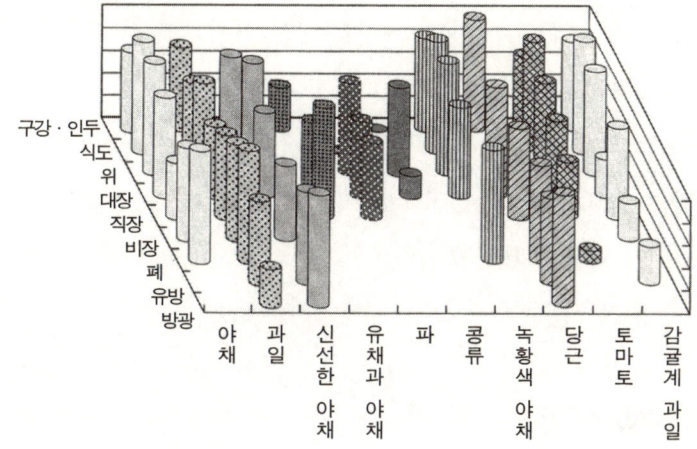

식품별 암의 위험성이 제시된 논문 수

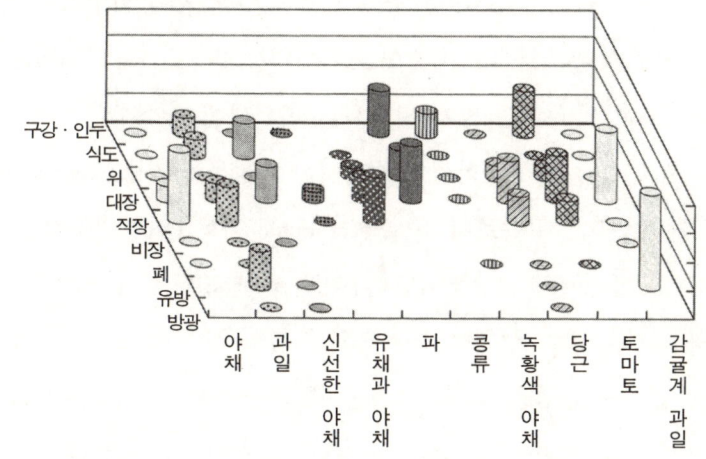

그림 4-1 | 암의 위험성을 감소시키는 식품과 증가시키는 식품

위험을 증가시키는 식품, 위험을 감소시키는 식품

되는 부분이다.

　제13조 | 조리법 : 검게 탄 음식은 섭취하지 않을 것. 생선이나 고기국물을 태우지 않도록 하고, 직화로 구운 고기나 생선, 소금에 절인 음식이나 훈제한 육류는 가끔 먹는 정도로 하자.

　제14조 | 영양보조식품 : 지금까지의 권고를 따른다면 영양보조식품은 달리 필요 없을 것이다. 더욱이 영양보조식품은 암의 위험성을 줄이는 데에 도움이 되지 못한다.

암을 최대한 저지하는 식생활

　이상의 14개조를 식품별로 나누어 신체 어느 부위(장기)의 암의 위험성을 감소시키고 증가시키는지를 정리한 것이 암의 위험성을 감소시키는 식품과 증가시키는 식품의 그림이다(그림4-1). 두 그림을 보면 알 수 있듯이 암을 예방하기 위해서는 위험성을 감소시키는 항목을 적극적으로 섭취하고, 위험성을 증가시키는 항목을 가능한 한 피하면 된다. 즉, 비타민C와 카로티노이드(Carotinoid, 식물성 식품 내에 함유된 한 무리의 색소 성분. 뒤에 설명할 피토케미컬[Phytochemical]을 참조)를 함유한 야채와 과일을 많이 섭취하고, 육류와 주류를 적극적으로 삼가며, 과감히 금연하고, 운동을 해서 비만을 예방하는 것이 암을 억제하는 비결이다. 일본의 건강증진을 위한 3가지 기본골격은 오랫동안 '영양·운동·휴양'이었는데, 그것을 '식사, 운동, 생활습관'으로 바꾼 것이라고도 할 수 있다. 비교한다면, 후자의 경우 식사 내용이 보다 과학적인 근거를 토대로 기술되고 있는 점, 조리법이나 영양보조식품이 언급된 것이 새로운 점일 것이다. 그럼 바로 과학적인 근거를 살펴보도록 하자.

식사의 균형과 야채·과일의 섭취

오랜 기간의 역학조사를 통해 야채와 과일은 암 예방식으로서 가장 강력하고도 변함없는 일관된 증거를 나타내왔다. 야채 안의 무엇이 암을 예방하는가 하는 점이 연구되면서 우선 비타민C가 거론되었다. 그리고 계속해서 β-카로틴, 리코펜, 폴리페놀 등 차차 그 종류가 늘어나 지금은 몇백 종의 화학물질(피토케미컬)이 암 예방물질의 후보가 되고 있다. 이들 물질에 대해서는 제6장에서 다시 상세히 기술할 생각이다. 그 외에도 식물성 식품이 중심이 되는 식사를 하면 식물섬유의 효과도 기대할 수 있고 섭취하는 칼로리도 낮아 암의 위험성을 증가시키는 비만을 방지할 수 있다.

기타 식물성 식품 가운데 현재의 시점에서 과학적 근거가 매우 한정적이라 암 예방효과를 명확히 말할 수 없는 것은 감자·고구마류와 바나나다. 또한 비평가들은 곡류가 결장암의 위험성을 줄인다는 근거가 불충분하다고 지적하지만, 최근의 연구에서 호밀의 리그난(Lignan)이 피토에스트로겐(Phyto-Estrogen)을 함유해 결장암 예방에 효과가 있는 것으로 나타났다.

한편, 식물섬유가 대장암을 억제한다고 한 사람은 아프리카의 우간다 대학에 있던 버킷 교수다. 하지만 식물섬유를 사람에게 투여해서 결장폴립의 암화(化)를 억제하고자 한 개입연구(介入硏究)는 성과를 내지 못했다. 연구기간이 단 몇 년으로 짧았기 때문에 효과가 나타나지 않았을 것이라고 생각한다. 흰쥐나 생쥐의 암 예방효과를 보는 실험에서는 20주부터 30주라는 기간이 필요하며, 이것은 인간으로 치자면 20년에서 30년이나 되는 기간에 해당한다.

일본에서 결장암이 국제적으로도 아직 낮은 수치를 나타내는 것은 동물성 지방 섭취가 적은데다가 버킷 교수가 추측한 것처럼 야채나 근채류, 정제도가 낮은 현미 등의 곡류 내 식물섬유가 암의 발생을 예방하는 효과가 있기 때문임에 틀림없다.

아울러 장내 세균의 작용도 무시할 수 없다. 인간이 소화할 수 없는 식물섬유라도 장내 세균이 분해해 단쇄지방산이 만들어지고, 이것이 대장 상피에 작용해서 발암을 억제하는 것이다. 곡류는 쌀밥만이 아니라 백미에 보리나 현미를 섞어서 먹기도 하고, 때로는 신맛이 나는 호밀이나 우유, 스프를 첨가한 시리얼과 오트밀 등도 시도해서 적극적으로 매일의 식사에 도입해보자.

식물성 식품이 많은 식사는 콜레스테롤 저하 등에도 효과가 있고, 심혈관계(심장, 혈관)의 질병이나 변비를 방지하기 때문에 소화기 계통(위, 소장, 대장)의 질병을 예방한다. 또한 저칼로리 식단을 짜기 쉬워 당뇨병과 같은 내분비계 질병도 예방한다.

육류는 1주일에 200g으로 충분하다

육류란 지방질이 적은 쇠고기나 돼지고기 살코기 부분, 양고기 등의 날것의 상태를 가리킨다. 육류가 많은 식사와 암의 관계는 '확정적'인 근거는 없지만, 결장암과 직장암의 위험성을 증가시키는 것은 '거의 확실'하다. 한편, 췌장·유방·전립선·신장암의 위험성에 대해서는 증가시킬 '가능성 있음'으로 볼 수 있다. 육류가 암에 미치는 영향은 다음에 기술하는 동물성 지방이 큰 요인이 된다.

제7조의 '육류의 섭취량을 1일 80g 이하로 제한하자'는 일본인 입장에서는 지키기가 그리 힘든 일은 아니다. 2000년도 국민영양조사에 따르면, 일본인은 한 사람이 하루에 육류를 78.2g 섭취하고 있기 때문이다.

단, 이 일곱 번째 권고와 같이 일본인이 매일 육류 80g을 계속 먹으면 7일간 560g이나 된다. 그러므로 육류는 매일 80g씩 섭취하는 것이 아니라 1주일에 200g 정도 섭취한다고 생각하자. 가령 주 2일 100g씩 고기요리를 섭취하고, 나머지 5일간은 생선이나 두부, 계란으로부터 단백질을 공급받으면 그것으로 충분하다. 이 권고에서 제시한 육류 섭취량은 육식 중심 식생활을 하는 서양인을 대상으로 한 것임을 알아두자.

서구에서는 건강적인 면뿐만 아니라 환경적인 면을 고려해서 쇠고기를 먹지 않는 사람이 늘고 있다. 미국인의 쇠고기 수요를 감당하기 위해서 중남미의 삼림이 불태워져 점차 목장으로 바뀌고 있기 때문이다. 쇠고기 생산은 효율성이 낮아서, 쇠고기 1kg을 얻기 위해서는 소에게 10kg 이상의 단백질을 주지 않으면 안된다. 돼지고기 1kg에는 5.5kg, 닭고기 1kg에는 4kg의 단백질이 필요한 만큼 소를 키울 때 효율성이 얼마나 떨어지는지 알 수 있다. 더욱이 사료효율을 높이기 위해서, 프리온(Prion, 광우병의 원인물질)이 병원체로 여겨지는 스크레이피(Scrapie, 양의 뇌해면체 증상)로 죽은 양이나 광우병으로 죽은 쇠고기를 사료에 섞다가 광우병이 발생했지 않은가. 자연의 성육(成育)을 벗어난, 효율만을 추구하는 가축 생산이 얼마만큼 자연계에 변형을 일으키고 있는지를 보여주는 좋은 예다. 아울러 항생물질의 과다사용에 따른 내성균의 출현 등도 동물들의 생명을 '생명' 으로 다루지 않는 인간에 대한 복수라 할 수 있다.

동물성 지방은 6개 암의 위험요인이 된다

육류 중에서도 쇠고기 지방은 포화지방산이 많아 비만이나 고지혈증의 원인이 된다. 암에 있어서 총 지방이 많은 식사는 폐 · 결장 · 직장 · 유방 · 전립선암의 위험성을 증가시키는 '가능성 있음' 의 식사이다. 더군다나 동물성 지방이 많은 식사는 이러한 5개 암에 더해서 자궁체부암도 증가시키는 '가능성 있음' 의 식사이다.

지방 섭취가 많은 식사는 담즙의 분비를 촉구하고, 2차 담즙산은 장내 세균의 영향을 받아 3차 담즙산으로 바뀌며, 이것이 대장암을 촉진하는 프로모터가 된다. 또한 동물성 지방을 과다섭취하면 여러 가지 발암물질이 지방 속에 녹아들기 쉬워 발암이 촉진된다. 더욱이 동물성 지방을 많이 섭취하는 사람일수록 악성도가 높은 암에 걸리기 쉽고, 전이나 재발의 빈도도 높아지는 경향이 있다.

제8조의 첫머리에 있는 '총 지방과 기름은 총 에너지의 15～30%로 억제하자'는 말은 '지방에너지의 비율'을 가리킨다. 지방에너지 비율이란, 총 섭취에너지에서 지방으로부터의 에너지가 차지하는 비율로, 후생성의 '제6차 개정 일본인의 영양소요량'에서는 18～70세 이상의 지방에너지 비율을 20～25%로 정하고 있다. 미국에서는 30% 이상인 사람이 많아 총 섭취에너지의 40% 이상을 지방으로부터 섭취하는 사람까지 있다. 탄수화물이나 단백질은 1g당 4kcal지만 지방은 9kcal이기 때문에 똑같은 양을 섭취해도 지방의 경우에는 칼로리가 2.25배가 되어 칼로리 비율이 늘어난다.

제2차 세계대전 이후 일본에서는 미국을 모방하여 지방 비율이 30%가 바람직하다고 말해왔다. 몇 년 전에야 간신히 지방에너지 비율을 25% 이하로 억제했지만, 식습관이 갑자기 바뀔 수는 없다. 2000년도 국민영양조사에서는 20～49세의 지방에너지 비율이 적정 비율의 상한선인 25%를 상회했다.

그리고 이러한 경향은 1995년 이후 계속 이어져 지방에너지 비율이 20대～40대의 연령층에서 26%를 계속 초과하고 있다. 특히 20대에서는 28% 이상으로 가장 높아 이대로 계속 증가한다면 일본인에게 대장암이나 유방암, 자궁체부암 등이 점차 증가될 것이 불 보듯 뻔한 일로, 조속히 식생활을 수정할 필요가 있다. 특히 이 세대가 암 발병 연령이 되었을 때가 걱정이다.

위험을 증가시키는 식품, 위험을 감소시키는 식품

지방은 일부러 육류로부터 섭취하지 않아도 식품 중에 포함되어 있는 분량만으로도 20%는 섭취할 수 있다. 지방을 섭취하는 것은 지용성 비타민을 섭취하기 위해서라는 의견도 있을 정도다. 단, 생선기름에는 불포화지방산이 많아 참치나 정어리 등에 포함되는 DHA(도코사헥사엔산)나 EPA(에이코사펜타에노산)는 뇌의 활동에도 좋다고 해 붐이 일어났다. 지금은 포화지방산, 1가포화지방산 및 다가포화지방산의 비율은 3:4:3 정도가, 오메가3지방산과 오메가6지방산의 비율은 4:5 정도가 좋다고 한다.

위암 예방의 결정적 방법은 저염(低鹽)

식염과 위암의 관계는 '거의 확정적'이라고 평가되고 있다. 염분과 명란젓, 연어알, 젓갈 등의 염장식품이 위암의 위험성을 높이는 것이다. 식염 그 자체가 발암물질은 아니지만, 괄태충이 소금으로 퇴치되듯이 소금은 위 점막 표면의 점액을 씻어내 버린다. 따라서 식사로 염분을 과다섭취하면 높은 침투압에 의해서 위의 점막세포가 상처를 입고, 그곳으로 발암물질이 침입하여 정상 세포의 암세포화가 쉽게 일어나는 것이다.

제9조에서 권고하고 있는 1일당 염분 섭취량 6g 이하는 일본의 후생노동성이 정하고 있는 1일당 식염 섭취량 10g 미만에 비해 반 정도 낮게 책정되어 있다. 1일 6g 이하의 염분을 섭취하는 식사라면 신장병 환자의 식사요법에 가까운 수준이다. 체내 염분이 많아지면 신장에

부담이 가해져 혈압도 올라간다. 서양인들은 고혈압이나 동맥경화에 의한 질환이 매우 많아서 이처럼 엄격한 지시를 따르고 있는 것이다.

한편, 일본인의 염분 섭취량이 많은 것은 식생활과 관계가 있다. 화식(和食, 일본 고유의 식사)에서는 간장이나 된장, 식염을 많이 사용한다. 보존법 중 하나로, 야채나 생선을 소금에 절인 절임음식이나 염장한 생선을 주로 먹어왔던 것이다. 특히 도호쿠(東北)나 호쿠리쿠(北陸) 지방과 같이 눈이 많이 오는 지역에서는 하루에 25g 이상 염분을 섭취했던 때도 있었다. 소금기가 많은 음식을 선호한다기보다 몸이 소금을 원해서인데, 실제로 단백질 섭취가 적을 때는 어느 정도 염분을 섭취하지 않으면 추위를 견딜 수 없다.

어쨌든 식사에서 염분을 과다섭취하면 위암뿐만 아니라 고혈압에도 걸리기 쉬워 뇌졸중으로 직결될 수 있다. 그래서 일본에서는 1955년경부터 뇌졸중에 의한 사망을 줄이기 위해 전국적인 저염운동을 시작했다. 이후 1인 1일당 식염 섭취량은 서서히 저하되기 시작해 2000년도에는 12.3g까지 내려갔다. 그러나 여전히 목표섭취량인 10g 미만에 이르지는 못했다.

라면국물의 반은 남기자

식염 섭취량은 한때 11.7g까지 내려갔으나, 그후 미식(美食) 붐과 외식산업 등의 영향으로 일본인의 1인 1일당 식염 섭취량은 다시 상승되었다가 1995년부터 다시 하강으로 돌아섰다. 이처럼 하강의 속도가 더뎠던 이유는 식품업계의 협력이 불충분했기 때문이다.

외식으로 먹는 음식이든 슈퍼마켓 등에서 이용할 수 있는 만든 반찬이든 모두 보존성을 높이기 위해 간을 강하게 해서 염분량이 상당히 높다. 라면가게에서 라면을 국물까지 다 마시면 그것만으로 식염량은 5g 정도가 되고 만다. 따라서 라면국물의 반은 남기는 것이 좋다. 마찬가지로 인스턴트 라면 역시 식염을 많이 포함하고 있기 때문에 스프 등의 경우는 1/3 정도 남기는 것이 현명하다. 더욱이 인스턴트 식품의 경우에는 보존료로 흔히 사용되는 인산도 문제다. 인이 체내에 많이 들어가면 균형을 이루기 위해 뼈로부터 칼슘이 빠져나와 골다공증을 악화시키기 때문이다.

가정에서 저염을 실행하기 위해서는 제9조에서 권고하고 있듯이 식염의 양을 줄이고 허브나 향신료로 조미하는 것 외에, 유자나 초귤, 레몬, 식초와 같은 신맛을 내는 것이 좋다. 또한 된장국이나 스프는 건더기를 많이 넣어 국물의 양을 줄이고, 간장 등은 직접 요리에 끼얹지 말고 작은 접시에 담아서 조금씩 적셔 먹는 것도 저염식의 한 요령이다.

치즈와 곰팡이독은 관계가 없다

최근에는 생선이나 야채의 원산지 표시가 일반화되었다. 그리고 멀리서 운반되어 오는데도 놀라울 만큼 신선하게 보존되어 있는 식품이 많다. 이는 저장법이나 운송법이 진보한 덕분이다. 예전에 미국에서 온 친구와 초밥을 먹을 때, 규슈(九州)로부터 생선이 마쳐되어 살아있는 상태로 운반되어 온다고 가르쳐줬더니 친구가 깜짝 놀랐던 적이 있다. 또한 츠키지(築地)의 어시장에 외국인들을 데려갔는데, 모두들 '생선 비린내가 안 난다' 며 입을 모은 적도 있다. 동남아시아나 인도를 여행하다가 본, 파리가 웽웽 날아다니는 속에서 고기나 내장, 생선을 팔고 있는 광경과는 그 청결도를 비교할 수 없었을 것이다.

중국 남부에서 간암이 많은 것은 땅콩 등의 저장 농산물에 발생하는 곰팡이독에 발암물질인 아플라톡신이 함유되어 있기 때문이라는 사실이 밝혀졌다. 아플라톡신은 간암의 위험성을 증가시키는 물질이다. 일본에서는 엄격히 규제되고 있지만, 사람이 먹는 식품 외에는 규제가 느슨해 양식 송어의 먹이로 곰팡이가 핀 것이 수입되는 바람에 대량으로 간종양이 발생한 적이 있었다. 한편, 고온다습하고 저장시설이 부실한 나라에서는 곰팡이가 만드는 곰팡이독이 건강상 큰 문제가 되고 있다. 일반적으로 음식을 상온에서 장기간 저장하면 곰팡이독이 증가하기 쉬운데, 특히 아프리카, 동남아시아, 중남미 여러 나라에서는 곰팡이독에 오염되어 있는 식품이 많은 만큼 주의가 필요하다.

한편, 블루치즈나 까망베르치즈와 같이 곰팡이를 첨가해서 발효, 숙성시킨 유제품은 발암성이 없는 것으로 알려져 있다. 문득 생각나는 일이 있다. 프랑스 리옹에 있는 IARC(국제암연구기구) 식당에서 식사할 때였는데, 옆 테이블에 있던 프랑스인 연구자가 치즈의 겉에 있는 곰팡이를 일부러 잘라내고 있는 것을 보았다. 그렇게까지 걱정할 필요가 없는데 말이다.

보존법이나 식품첨가물, 농약잔류물에 대해 언급하고 있는 『식품

위험을 증가시키는 식품, 위험을 감소시키는 식품

과 영양과 암 예방 – 세계적 전망』제11조나 제12조도 일본에서는 해당사항이 없을 것 같다.

내가 어릴 때만 해도 얼음으로 냉장하는 방법을 쓰곤 했다. 여름이 되면 매일 얼음가게에서 얼음을 배달해 주었는데, 부모님 모르게 작게 부순 얼음에 설탕을 넣어 떠먹는 것이 큰 즐거움이었던 시절이다. 지금이야 물론 어느 집에나 커다란 전기냉장고가 있고, 그것이 당연한 일이 되었다. 앞서도 언급했지만, 일본의 위암 이환율이 저하된 데는 식염 섭취의 감소와 함께 냉장고의 보급도 큰 영향을 끼쳤다고 할 수 있다. 그리고 이것은 미국의 경우도 마찬가지였다. 지금은 위암이 드물어진 미국에서도 냉장고가 보급되지 않았던 1930년 이전에는 위암이 가장 흔한 암이었기 때문이다. 냉장고에 신선한 야채나 과일을 보관해 1년 내내 이용할 수 있게 되고, 더불어 소금간을 한 베이컨 같은 염장식품의 섭취가 줄면서 위암의 이환율이 저하된 것이다.

잔존농약은 중국에서 들어오는 수입 야채 등에서 때로 문제가 발생하고 있지만, 제12조에 열거되어 있는 착색료나 조미료, 보존료(방부제) 등의 식품첨가물의 사용은 현재 적절히 규제되고 있어 암의 위험성을 증가시키는 일은 없다. 그러나 옛날에는 착색료인 버터옐로(Butter Yellow)나 어육소시지에 들어있던 방부제인 AF2와 같이 동물에게 발암성이 증명되어 사용금지된 것도 있다. 한편, 사카린은 흰쥐에게 방광암을 일으켜 금지되었지만, 그후 실험기간이 20년에 이르는 원숭이 실험에서 발암성이 없는 것이 증명되면서 금지가 해제되었다.

동물실험 데이터만으로 과잉반응을 보이는 것은 문제가 있다. 좋은 예가 과산화수소(소독약인 옥시풀과 같다)이다. 그것을 흰쥐에게 소량 마시게 했더니 소장에 암이 생겼다고 해서 과산화수소에 의한 식품소독이 금지되고 알코올로 멸균하기에 이르렀다. 특히 삶아서 판매되는 우동사리 제품 등이 공격대상이 되었다. 인간에게서도 소장암이 발생할 확률은 극히 드문데 소수의 흰쥐에게 암이 발생했다고 해서 금지한 이유는 지금도 이해하기 어렵다. 과산화수소는 내버려두면 물과 산소로 분해될 만큼 안전한 살균제이기 때문이다. 어쨌든 위험성의 크고 작음을 생각하지 않은 연구자의 과잉반응이 큰 피해를 초래한 대표적인 예라 하겠다. 미량의 식품첨가물보다도 매일 먹는 식사와 금연 쪽을 더 중시할 필요가 있다.

육류나 생선의 탄 부분은 제거한다

'검게 탄 음식은 섭취하지 말 것'이라고 제13조에서 지적하고 있는 것은 구운 고기나 구운 생선 등의 탄 부분이 갖는 발암성 때문이다. 육류나 생선에 포함되어 있는 트리프토판(Tryptophan)이나 티로신(Tyrosine) 등의 아미노산에 열이 가해지면 헤테로사이클릭아민(Heterocyclicamine)이라는 발암성이 강한 화합물로 변화한다. 단, 구운 주먹밥처럼 탄수화물이 탄 것은 괜찮다.

동물실험에서는 탄 부분의 추출물을 통해 발암성이 증명되었다. 하지만 인간의 역학조사에서는 좀체 양성의 결과가 나오지 않는다. 탄 음식에서 얻은 양이 미량이었기 때문일 것이다. 예를 들어 브라질

요리에 큰 고깃덩어리를 나이프에 꽂아놓고 불을 가해 먹는 '쇼라스코'라는 요리가 있지만, 브라질에 위암이 특히 많은 것은 아니다. 위암이 대폭 준 미국에서도 주말이 되면 고깃덩어리를 바비큐해서 먹는 것이 보통이다. 그에 비하면 일본인이 생선이나 육류의 탄 부분을 먹는 양은 적은 것으로 알려져 있다. 그리고, 많이 탔더라도 표면의 탄 부분을 제거하고 먹으면 문제가 없다. 또한 구운 생선 등을 먹을 때 야채를 많이 섭취하면 발암이 억제된다. 그러고 보면 꽁치 소금구이에 갈은 무를 곁들이는 등 옛날 사람들의 지혜는 현대의 암 예방에도 도움이 되는 것이 많다.

조리법에 따라서 발암물질이 증가하기도 하고 새로 만들어지기도 하는 것은 탄 것 이외에는 알려져 있지 않다.

담배와 알코올의 상승작용

술이 구강 · 인두 · 후두 · 식도암과 알코올성 간경변에 의한 간암의 위험성을 증가시킨다는 근거는 '확정적'으로, 술을 마시는 사람이 담배를 피우는 경우는 위험성이 한층 더 증가된다. 담배와 알코올의 상승작용은 이 2가지 섭취량이 증가함에 따라서 상승(相乘)적으로 증가하기 때문에 만약 소주나 위스키를 마시면서 담배를 뻐끔뻐끔 피워 댄다면 식도암을 향해서 똑바로 달리고 있는 것과 마찬가지다. 뿐만이 아니다. 알코올이 결장 · 직장암의 위험성을 증가시킨다는 근거는 '거의 확실'하다.

알코올 자체의 발암성은 인정되고 있지 않지만, 발암물질의 대부분은 알코올에 녹아서 흡수되기 쉬워진다. 그리고 안주를 먹지 않고 술울 마시면 영양부족이 일어나기도 한다. 뿐만 아니라 알코올은 간 기능을 상하게 하기도 하며, 최종적으로는 에스트로겐의 수치를 변화시키기도 한다.

게다가 동양인은 상대적으로 서양인에 비해 알코올 체내분해에 의해서 생기는 아세트알데히드 분해효소가 부족한 사람이 많다. 이는 빈번하게 과음을 했을 때 동양인은 서양인 이상으로 위험하다는 뜻이다.

술을 적당히 마시는 사람의 사망률이 가장 낮다

단, 옛날부터 술은 '백약의 으뜸'이라 불리며 존중되었다. 실제로 술은 적당량이라면 하루의 피로를 풀어주는 작용 외에, 암세포를 파괴할 수 있는 NK(Natural Killer)세포라는 특수한 림프구의 작용을 활발히 하여 유익한 콜레스테롤을 증가시키기 때문에 순환기 질병의 위험성도 줄일 수 있다.

적당량이란, 1일당 맥주 중간 병으로 1병, 와인은 와인잔으로 2잔, 소주는 반 잔 이하 정도다. 그리고 1주일에 1~2일은 간을 쉬게 하는 휴간일(休肝日)을 만들어야 한다.

적당한 음주는 건강에 좋다는 주장을 뒷받침하는 유명한 연구가 있다. 14만 명을 대상으로 알코올 섭취량과 사망률을 추적조사한 후생성 다목적 코호트 연구에 따르면, 알코올을 이틀에 1잔 정도 마시

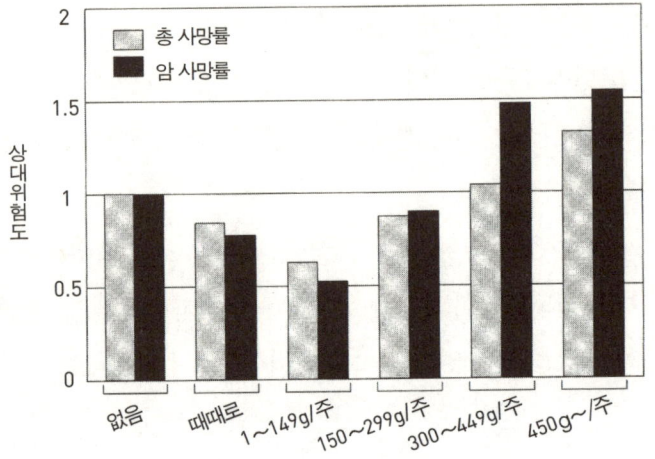

※ 거주지역, 연령, 흡연, 학력, 약의 사용, 고혈압 병력, 운동, 식습관을 보정

그림 4-2 | 알코올 섭취량과 사망률

- 비음주자를 1로 한 경우의 거주지역, 연령, 흡연, 학력, 약의 사용, 고혈압 병력, 운동, 식습관을 보정한 각 그룹의 상대 위험성을 나타냈다.
- 총 사망·암 사망 모두 1주일에 1~149g 음주하고 있는 소량 음주자일 때 가장 위험성이 낮고, 총 사망의 위험성은 0.64(95% 신뢰구간 : 0.46~0.88), 암 사망의 위험성은 0.53(95% 신뢰구간: 0.29~0.94)이었다.
- 총 사망·암 사망 모두 주 1일 이상의 음주습관이 있는 사람 중에서는 음주량이 늘어남에 따라서 위험성이 증가하는 경향이 나타났다. 주 450g 이상 음주하는 다량 음주자의 총 사망의 위험성은 1.32(95% 신뢰구간: 1.00~1.74)이며 암 사망 위험성의 증가가 현저했다.
  (후생노동성의 다목적 코호트[Cohort : 특정한 시점에 파악한, 나이·성별 등 공통된 속성을 지닌 인구를 가리키는 인구학상 용어] 연구에 의거)

는 사람의 사망률이 가장 낮았다. 사망률은 이 적당량을 초과함에 따라서 상승한다(그림4-2).

한편, 술을 가끔 마시면 구강·인두암, 식도암, 대장암, 직장암, 간암의 상대위험도도 낮아진다. 애주가에게는 희소식이 아닐 수 없다.

비만은 암을 성장시킨다

인간은 얼마만큼 살이 쪄도 건강할 수 있을까? 우리는 스모선수들의 건강상태를 조사한 적이 있다. 그러자, 대부분의 선수들이 병을 갖고 있었을 뿐만 아니라 병의 빈도가 BMI와 비례했다. BMI란, 비만도를 나타내는 국제적인 체격지수로, 체중(kg)을 신장(m)의 제곱으로 나눠서 구한다. 건강상 여러 가지 문제가 생길 위험성은 BMI가 18.5 이상 25 미만의 허용범위 내에서는 대체적으로 낮다.

한편, 미국의 비만자 증가는 심각한 상황이다. 비만자의 비율은 1962년에 45%였던 것이 2000년에는 65%나 되었고, 표준보다 체중이 30파운드 이상 무거운 사람이 30%나 늘어났다. 2002년에는 마침내 이상비만인 사람이 3900만 명에 달했다. 비만이 원인으로 여겨지는 사망자 수는 30만 명으로, 일본의 연간 암 사망자 수와 동일하다. 소아비만도 소아 인구의 20%를 차지하여 1000만 명이나 되며, 의료비 또한 비만 관련 질환과 직접적으로 관련된 경비만으로 1조 엔을 초과하고 있다. 체중이 500kg인 사람도 있을 정도니 심각한 수준이다. 서구 여러 나라에서는 비만을 BMI 30 이상으로 정의하고 있지만, 일본에서는 BMI가 25 이상인 경우를 비만으로 판단하고 있다. 반대로 BMI가 18.74 미만인 '저체중'도 사망률을 상승시킨다.

비만과 암의 경우, BMI가 30 이상(일본에서는 25 이상)이 되면 자궁체부암의 위험을 증가시킨다는 증거는 '확정적'이다. 또한 비만이 폐경 후 여성의 유방암과 신장암의 위험성을 증가시킨다는 증거는 '거의 확실', 결장암의 위험성을 증가시킨다는 증거는 '가능성 있음'이다. 사실, 암의 발육에는 영양 섭취량이 관계되어 있어서 칼로리 과다 섭취에 의한 비만은 어떤 암에 있어서도 성장을 촉진시킨다. 따라서 일본에서 정상범위로 삼고 있는 BMI 18.5 이상 25 미만으로 체중을 통제하는 것이 암 예방을 위한 한 방법이라고 할 수 있다.

감량에 성공한 나의 식욕통제법

의사들은 대체적으로 체중을 BMI의 정상범위까지 떨어뜨리기 위해서 자주 걷고, 무리가 되지 않을 정도의 운동을 시작하고, 약간 양이 부족할 정도로 먹을 것을 당부한다. '약간 양이 부족할 정도로 먹으면 의사가 필요 없다'는 말은 확실히 맞는 말이다. 나는 사회인이 된 후부터 30년 이상이나 줄곧 적당히 먹은 적이 없다. 아니, 배불리 먹는 것을 넘어 배가 터질 정도가 될 때까지 먹지 않으면 만족하지 못했다. 기본적으로 많이 먹는데다가 엄청 빨리 먹어서, 아침이든 저녁이든 아내가 반찬을 보기 좋게 차리고 있는 동안 이미 계속해서 입에 넣는 식이었다. 그렇게 해서 매번 3~5분만에 식사를 끝내버렸다.

먹는 속도가 빠르면 만복감을 느끼는 것이 늦어져 위가 조금 비면 다시 뭔가 먹고 싶어진다. 이러한 식욕항진은 건강체의 증거처럼 여겨지지만, 가장 알아차리기 쉬운 당뇨병 증상 중의 하나다. 결국 예상대로 당뇨병에 걸린 나는, 이후 다음과 같은 방법으로 식욕통제와 감량에 성공하고 체중도 유지하고 있다.

- 잘 씹고 천천히 맛을 느끼며 먹는다
- TV나 신문을 보면서 식사를 하지 않는다
- 식사시간대를 정해 그 시간 이외에는 음식을 먹지 않는다
- 단것이 당길 때는 전통과자를 선택한다
- 외식은 1/2에서 1/3 정도 남긴다
- 밤에 배가 고플 때는 냉장고를 뒤지거나 하지 않고 아무 것도 먹지 않은 채로 잔다

바쁜 아침시간의 식사라도 최저 15분 정도 시간을 들여 먹는 것이 좋다. 음식을 충분히 씹으면 뇌기능을 활성화시킬 수도 있다. 아침부터 머리를 확실히 움직이게 하기 위해서라도 잘 씹도록 하자. 또한 뇌의 만복중추 수용체에 소화·흡수된 지방 찌꺼기가 결합하여 만복감을 느끼기까지는 15분이 걸린다. 작은 공기에 담긴 밥이라도 천천히 씹어서 먹는 동안 만복감을 조금씩 느끼게 되는 것이다. 그런데 이때 다른 일을 하면서 먹으면 음식을 맛보는데 집중하지 못해 과식으로 이어진다. 또한 신문을 읽는 등 좌뇌를 풀가동시키면서 하는 식사에서는 수액 분비도 억제된다.

한편, 식사를 정시에 섭취하는 것도 매우 중요하다. 일단 저녁식사를 7시까지 하면 식후에 몸을 움직이는 시간도 있고 해서 여분의 지방

이 체내에 쌓이는 일이 없다. 과일은 의외로 당분이 많은 만큼 하루 1개로 제한하는 것이 좋다. 만약 아무래도 간식이 하고 싶다면 크림이나 버터를 많이 사용하는 서양과자에 비해 저칼로리인 전통과자를 선택하자. 그리고 외식 메뉴의 대부분은 고칼로리다. 특히 서양식은 한 끼에 1000kcal 이상도 있으므로 야채가 많은 화식(和食)을 선택하자. 밥은 반 정도 남길 생각으로 천천히 씹어 먹으면 과식을 방지할 수 있다. 칼로리 표시가 있는 레스토랑에서 스스로에게 맞는 열량을 판단해가면서 먹는 것이 성공 가능성이 높다.

걷기로 암을 예방한다

운동하라는 말을 들었을 때 어떤 운동을 어떻게 하면 좋을지 단번에 알기는 어렵다. 『식품과 영양과 암 예방』에서는 규칙적인 운동이 결장암을 예방한다는 증거를 '확정적'으로 나타내고 있고, 정기적인 운동은 유방암과 폐암을 예방해 줄 가능성이 있다고 나와 있다.

일본인의 평소 운동량은 후생노동성의 '생활활동 강도의 구분기준'으로 판단할 수 있다. 책상업무가 많은 사무직 노동자의 경우 대부분은 2시간 정도의 보행이나 가사 등의 서서 하는 업무 외에는 대부분 사무를 보거나 담화 등을 나누는 생활활동 강도 II '약간 낮다' 수준의 운동을 한다고 볼 수 있다. 따라서 제3조의 권고대로 1일 1시간의 속보를 시작해 암을 예방할 필요가 있다.

매 식후 20분간 걷기를 실행하자. 스포츠를 싫어하는 사람이라도

1일 10분 정도의 속보를 3회씩 시도하는 것부터 시작하면 서서히 체력이 붙어 몸을 움직이는 것이 즐거워진다. 전철역 계단은 에스컬레이터를 타지 말고 걸어서 오르내리자. 1km 정도의 거리는 걸어서 가자. 엘리베이터는 피하고 2～3분이라면 계단을 이용하자. 이러한 작은 행동이 쌓여서 큰 효과로 이어진다. 내가 있는 대학 연구실은 4층에 있지만, 나는 항상 계단으로 오르내린다. 학생들에게도 무거운 짐이 없는 한, 엘리베이터 사용을 권하지 않는다. 중년이 되어 엉덩이가 처지는 체형이 되고 싶지 않다면 발끝으로 계단을 오르내리며 중둔근(中臀筋, 엉덩이 근육)을 연마하라는 것이 나의 겁주기 방법이다.

나의 경우, 매일의 조깅 외에 여가가 있으면 수영을 하기도 하고, 날씨가 좋으면 자택에서 대학까지 왕복 50km 사이클링을 하는 등 가능한 한 운동을 해서 적정체중을 유지하려고 한다. 당뇨병 진단을 받았을 무렵에는 매일 집사람과 함께 '자강술'이라는, 태극권과 비슷한 체조를 했다. 먹는 것을 심하게 제한하기보다 운동으로 조절하자는 생각에서였다. 한편, 운동은 식욕조절에도 도움이 된다. 오랫동안 걷거나 조깅을 한 후에는 식욕도 떨어지는데, 이는 운동을 하면 간의 글리코겐으로부터 포도당이 만들어지고 혈중 글루코스 농도가 올라가기 때문이다.

영양보조식품의 이용법

신문이나 잡지에는 '이것으로 암을 예방할 수 있었다', '이것으로 암을 치료했다'는 식의 영양보조식품 광고가 넘쳐나고 있다. '건강을 위해서 비타민이나 미네랄을'을 비롯해 '고혈압 환자를 위한 제품'이라거나 '비만해소에 최고'까지 신문 한 페이지가 온통 영양보조식품 광고로 채워져 있는 경우도 있다. 소비자로서는 무엇을 어디까지 신용하면 좋을지 알 수가 없다. 제14조에서 영양보조식품을 제시하고 있는 것도 미국에서는 비타민이나 미네랄이 식사 이상으로 영양보조식품 정제를 통해 섭취되는 경우가 많기 때문이다. 미국의 슈퍼마켓에 가면 벽면 전체가 영양보조식품으로 채워져 있는 경우도 드물지 않다. 가정집에 초대되었을 때 부엌 선반에 몇십 개나 되는 영양보조식품 병이 진열되어 있어서 놀란 적도 있다.

역학적으로는 임상실험 또는 개입시험, 이어서 증례대조연구나 코호트 연구와 같은 분석역학적 연구, 마지막으로 동물실험이나 시험관 내의 세포에 의한 시험 순서로 신뢰도가 높다고 할 수 있다. '이것은 효과가 있었다'는 증례보고나 대가(大家)의 '이것은 좋은 것이다'라는 한마디는 가장 신뢰성이 낮은 수준인 것이다. 그런데 세상에 알려져 있는 데이터는 위의 순서와 전혀 반대되는 순서다. 세포 단계나 동물실험으로 효과가 있는 것 같다는 결론이 나오면 바로 사람에게도 효과가 있는 것처럼 선전되고 있다.

영양보조식품의 암 예방효과는 제5장에서 다시 언급하겠지만, 핵심은 이렇다. 영양보조식품에 너무 의존하지 말고, 식생활을 개선하는 편이 암 예방에 훨씬 효과적이라는 것이다.

담배 없는 사회가 건전한 사회

담배는 확실히 대부분의 암의 위험요인이 되고 있다. 피우는 담배가 아닌, 씹는담배나 마시는 담배도 사용하지 않도록 하는 것이 중요하다. WHO가 지향하고 있는 담배 없는 사회야말로 건전한 사회다.

씹어서 향이나 맛을 즐기는 씹는담배이든 파이프 담배이든 궐련이든 모든 흡연은 폐암을 필두로 9개 암(폐암, 구강·인두암, 식도·위암, 췌장암, 후두암, 방광암, 자궁경부암, 결장·직장암, 신장암)을 일으키는 원흉이다. 덧붙여 그 폐해는 담배 파이프를 손에서 놓지 못했던 나 자신이 직접 체험했다. 흡연에 대해서는 제7장에서 상세히 다룰 것이다.

지금까지 기술해온 것은 실행할 마음만 있다면 결코 실천하기 힘든 식생활이나 라이프스타일이 아니다. 오늘부터 식탁에 야채요리를 한 접시 첨가하는 식으로 실천을 시작해 보자.

위험을 증가시키는 식품, 위험을 감소시키는 식품

5장

영양학과 암

국립영양조사의 지역별 데이터를 비교해 보면, 일본에서는 콩 식품을 많이 섭취하는 곳일수록 대장암, 유방암, 난소암, 자궁체부암 등 여성 호르몬인 에스트로겐 관련 암의 표준화 사망비가 적음을 알 수 있었다.

건강식품의 암 예방효과

이 장에서는 역학이 암 예방을 위해 기여할 수 있는 역할과 내 삶의 과제 중 하나인 '제3세대 영양학'을 서로 비교해보고, 소위 건강식품의 암 예방효과를 알아보기로 한다. 미국만큼은 아니더라도 시중에서는 온갖 종류의 건강식품이 판매되고 있고, 과대광고에 현혹되어 상용하는 사람도 적지 않다. 과연 정제 등의 형태로 영양소를 섭취하는 것이 암 예방으로 이어지는지의 여부를 과학적으로 검증할 필요가 있다.

또한 건강식품도 그 종류가 다양하고, 생활습관병 등을 예방하는 효과가 공식적으로 인정받은 것도 있다. 그 점을 확인하지 않는다면 소비자는 선전에 놀아날 뿐이다.

암 예방연구에 눈뜨다

의대생 시절, 정신과와 외과 중 어느 쪽을 택할 것인지 고민했던 나는 졸업할 무렵이 되자 공부가 더 하고 싶어졌다. 그래서 대학원에서 병리학을 전공하고, 미국 건국 200주년 축제 때 NCI(국립암연구소)로 유학을 갔다. 귀국 후엔 국립암센터에서 병리를 맡으면서 병리를 전문으로 25년 가까이 일했다. 그런데 그 무렵 미국 NCI에서 역학을 해보지 않겠느냐는 제의를 갑자기 받게 되었다. 국립암센터에서 병리의로 10년을 보냈을 때의 일이다.

병리부에서 병리 데이터의 전산화나 다중암, 치료 후의 중복암 같은 역학적 색채가 강한 연구를 했기 때문일 것이다. 나는 또 다시 NCI

에서 공부할 수 있다는 사실에 설레며 바로 제안을 받아들였다. 이렇게 해서 유학했던 곳이 NCI의 로버트 밀러 박사 연구실이었다. 밀러 박사는 임상의학의 취지가 강한 병상역학을 공부한 분이다. 브론크스 출신인 밀러 박사의 사모님은 작은 체격의 일본인으로, 박사가 군의관이던 시절인 히로시마 부임 중에 이어진 인연이었다. 전 군의관이었던 만큼 박사의 교수법은 엄격한 것이었다. 매일 귀가할 때마다 여러 편의 논문을 건네주고서는 다음날 오전 중에 토의와 함께 역학적 발상법을 철저히 질문했다. 더욱이 NCI는 보스턴의 다나 하버 소아병원에 지부가 있었는데, 매주 1회는 전화회의를 해야 했다.

NCI 역학부의 수많은 프로젝트 중에서 강하게 인상에 남아 있는 것은 중국 임현(林縣)에서 실시된 대규모의 위암 예방실험이다. 브롯 박사가 책임자로, 당시 암 예방을 위한 유력후보로 여겨졌던 미네랄이나 비타민 등 12종류의 물질을 4군으로 조합해서 6년간 투여한 후 암의 이환이나 사망을 추적·조사했다. 그 결과, β-카로틴이 위암을 유의적으로 억제한다는 발표를 하게 되었다.

그때까지 나는 국립암센터에서 성인 T림프성 백혈병·림프종 연구 등을 하고 있었고, 프랑스 리옹에 본부를 둔 IARC(국제암연구기구)에서도 몽테사노 박사나 퍼킨 박사와 교류하는 등 오로지 발암연구에만 몰두하고 있었다. 그러던 중 NCI에서 브롯 박사를 만나면서 그를 통해 암 예방에 도움을 줄 수 있는 역학의 역할과 가능성을 확실히 확인할 수 있게 되었다.

영양학과 암

제3세대 영양학

NCI에 있었을 때, 하버드 대학의 브라이언 마크메인 교수나 월터 윌렛 교수와도 알고 지내면서 영양과 질병의 관계를 역학적으로 분석할 기회를 얻을 수 있었다. 조사를 시작하자, 영양의 역사는 어느 부분이나 다 한 권의 책이 될 수 있을 만큼 매력적인 이야기였다.

인간이 건강하게 살아가는데 있어서 탄수화물, 단백질, 지방, 이 3대 영양소는 필수적인 것이다. 이들 영양소의 작용이 발견되었던 19세기 중반 이후 50년간의 영양학적 진전은 산업혁명, 또는 독일이 중심이 되었던 화학의 진보에 의해서 이루어졌다. 이때를 영양학의 토대가 마련된 시대라고 한다면, 비타민이나 미네랄이 영양소로서의 역할이 해명된 20세기에 들어선 이후 처음 50년도 역시 새로운 시대였다. 비타민의 발견으로 야맹증이나 각기병, 괴혈병이나 곱사병과 같은, 그때까지 치료할 수 없었던 병을 치료할 수 있게 되었기 때문이다. NCI가 실행한 중국 임현에서의 β-카로틴의 암 예방 이야기를 전해 들었을 때, '쾌유가 힘든 암을 예방하고자 하는 의욕적인 실험으로, 이는 영양학의 새로운 페이지를 여는 것이다'라고 직감했다.

3대 영양소가 발견된 시기를 '제1세대 영양학', 비타민과 미네랄이 발견되어 각각의 기능이 밝혀진 시대를 '제2세대 영양학'이라고 한다면 지금까지 영양학적으로는 무시되어왔던 식품 속의 다양한 화학물질의 작용이나 생체에 미치는 영향이 연구되기 시작한 현대는 바야흐로 '제3세대 영양학'의 막이 올려진 것이라 할 수 있다.

역학은 질병 예방을 우선목적으로 하는 실학(實學)

여기서는 역학과 암에 대해서 이야기해보자. 역학은 영국을 발상지로 하고 있다. 런던에 전염병인 콜레라가 퍼졌을 때, 환자의 분포가 특정한 우물 주변에 집중되어 있음을 발견한 의사 존 스노우가 그 우물의 사용을 금지했더니 전염병이 종결되었다. 스노우는 수원(水源)의 오염이 다른 두 수도회사의 급수지구와 유행상태를 조사하여 콜레라의 전염과 물 오염의 관계를 증명했다. 1884년 R. 코흐가 콜레라균을 발견하기 31년이나 전에 일어난 획기적인 사건이다.

일본의 경우, 의학부 강좌에는 역학이 없다. 공중위생학이나 위생학에서 가르치고 있는데, 내 경우에는 의대 시절만 해도 인기가 없어서 거의 팽개쳐둔 과목이기도 하다.

역학은 각 시대의 질병이나 질병에 대한 인간의 고민을 다루고, 인간에게 밀착해서 병의 원인을 찾아내 질병을 예방하는 실학의 길을 밟아왔다. 초기에는 급성 전염병을 대상으로 했으나, 이윽고 결핵과 같은 만성 질환, 원인이 몇 가지나 돼서 발병과정이 몇십 년이나 걸리는 암 등 복잡한 병도 대상으로 삼게 되었다. 원폭 피해자의 백혈병 발생이나 미나마타병(일본 구마모토현 미나마타만 주변에서 발생한 유기수은 중독증)의 원인인 유기수은 발견 등, 역학이 담당한 역할은 크다. 이와 같이 역학은 복잡한 현상을 다루어온 만큼 그 연구방법도 시대를 거치면서 진화하고 있다.

각기병 사건

　질병예방에 대한 연구가 첫째 목적인 역학이 실제로 도움이 되었던 예는 많이 있다. 국립암센터와 꽤 깊은 인연이 있는 해군에 얽힌 실례(實例)가 그 중 하나다. 국립암센터는 국가적 암 대책의 중추로서 1962년에 동경 츠키지에 설립되었다. 나는 1977년 5월에 게이오 의대 의학부 강사에서 국립암센터로 자리를 옮겼다.

　해군 부대에는 영국식 교육을 받은 교관이 대부분이었기 때문에 과학적으로 계통을 세워 사물이나 일에 대해 생각하는 습관이 있었던 것 같다. 예를 들자면, 사츠마한(薩摩藩, 현 가고시마[鹿兒島])에서 군의관 조수를 했던 다카키 카네히로(高木兼寬)의 경우다. 1873년 다카키는 런던의 가이 병원 의과대학에서 유학할 기회를 얻어 일본인 최초로 정규 의학교육을 끝내고 해군 군의관이 되었다.

　1881년 일본 해군은 군함 2척으로 세계일주를 시도했다. 하지만, 계속해서 군인들이 각기병(역자 주 : 비타민B1의 부족에서 오는 영양실조 증세의 한 가지)에 걸리는 바람에 하와이에서 휴양하다가 끝내 일본으로 되돌아오는 사건이 일어난다. 다카키 군의관은 각기병이 창궐한 이유에 대해 의문을 나타내며 영국에서 배운 역학적 조사방법으로 조사를 실행했다. 그 결과, 장교에게는 각기병이 적고 이등병 등 졸병들에게는 각기병이 많이 발생했다는 사실을 발견, 음식이 원인이란 확신을 갖기에 이른다. 그리고 영국 해군 중에는 한 사람도 각기병 환자가 보이지 않는 것에 착안하여 영국식으로 양식 식단을 실시해야 한다고 제안한다. 그리고 그의 제안은 결국 채택된다.

그후 1884년 2척의 군함이 이전과 동일한 코스를 동일한 인원으로 다시 출항하게 되는데, 다른 것은 식사가 모두 빵이란 점뿐이었다. 그 결과, 420명 가운데 각기병에 걸린 사람은 물에 적시면 먹을 수 있는 말린 밥을 가지고 있던 2~3명뿐이었다. 다카키의 가설이 보기 좋게 확인된 것이다. 이후 이 결과는 영국·미국에서 강연됨은 물론, 3회에 나누어 일류 의학지 『란셋(Rancet)』에 연재되기도 했다. 해군은 그후 보리밥으로도 효과가 있음을 발견, 식단을 빵에서 보리밥으로 교체했다.

각기병의 원인

지금은 각기병이 배아에 많이 포함되어 있는 비타민B1의 결핍에 의한 영양장애병이란 사실이 널리 알려져 있다. 쌀을 주식으로 하는 지역에 많고, 전신이 나른해지며, 다리의 부종을 비롯해 심장비대나 운동마비 등으로 증상이 발전한다. 또한 중증인 경우는 각기충심(脚氣衝心, 가슴이 답답하고 치이는 증세)으로 고통이 더해져 심부전으로 사망한다. 이것이 각기병이란 질병이다.

1911년에 쌀눈으로부터 각기병을 예방하는 물질을 추출해서 비타민이라 명명한 것은 폴란드 태생의 미국 생화학자 카시미르 풍크(Casimir Funk)다. 그러나 비타민이라 명명하지 않았지만 풍크보다 1년 전에 똑같이 쌀눈으로부터 비타민B1을 추출하는데 성공, '오리자닌'이라 명명한 사람이 있었다. 그는 농예화학자인 스즈키 우메타로(鈴木

梅太郎) 박사(1874 ~ 1943년)였다.

스즈키 우메타로 박사의 비타민B1의 발견 이전까지는 동경대 의학부를 비롯해서 대부분 '각기균' 설을 믿고 있었다. 동경대 의학부 졸업 후, 육군 군의관이 되어 1884년에 독일로 유학한 모리 린타로(森林太郎, 역자 주 : 필명은 모리 오우가이)도 각기병은 각기균이란 세균이 원인이 되어 발생한다고 확신하고 있었다. 그래서 육군에서는 '군대는 나라를 위해서 싸우는 만큼 백미를 지급하라' 고 외쳐대면서 열심히 각기병 환자를 만들어냈다.

그러나 그 결과는 비참한 것이었다. 1904 ~ 1905년 동안의 러일전쟁에서는 7만 8000명 정도의 전사자가 발생했지만, 총탄에 맞아 사망한 사람은 7천~8천 명이고 7만 명 정도가 각기병으로 사망했기 때문이다. 정책결정자가 잘못된 선택을 했을 때 얼마나 심각한 일이 일어날 수 있는지를 보여주는 좋은 예가 아닐 수 없다. 모리 린타로는 결국 육군 군의총감으로까지 승진하여 국립의료센터에 가면 그가 애용하던 멋진 책상과 의자가 지금도 남아 있지만, 그 책상과 의자를 볼 때마다 나는 '이 무겁디무거운 책상에 떡 버티고 앉아 그런 무지한 각기병 대책을 생각한 거구나' 싶어 씁쓸한 웃음을 짓게 된다.

관찰연구에서 개입연구로

다카키 카네히로는 각기병이 발생할 소지를 관찰, 가설을 세워 예방할 수 있음을 실증했다. 그는 각기병의 원인을 단백질 섭취의 부족으로 생각했지만, 실제 원인은 접어두더라도 빵을 급식함으로써 완전히 예방할 수 있었다.

역학연구에는 3단계 연구 디자인이 있다. 시작은 관찰역학으로, 암의 경우에는 암의 나라별 빈도의 차이나 식사 섭취, 암 발생빈도의 차이 등으로부터 원인을 생각할 수 있다. 가령 지방 섭취가 많은 나라일수록 유방암이 많다고 한다면 유방암의 원인이 지방에 있는 게 아닐까 의심할 수 있다. 흡연율이 높은 나라에서 폐암 사망자가 많은 경우에도 담배가 폐암을 만드는 것이 아닐까 하고 가설을 세울 수 있다.

다음으로, 흡연이 폐암의 원인이 되고 있다는 가설을 검증하는 것이 분석역학이다. 병례대조 연구란, 폐암에 걸린 사람과 걸리지 않은 사람을 모아서 과거에 담배를 피웠는지의 여부를 물어 검토하기 때문에 '소극적 연구'라고도 지칭된다. 흡연자는 비흡연자와 비교해서 몇 배나 더 폐암에 걸릴 위험이 있는가 하는 점을 상대위험도(Odds Ratio)로 나타낼 수 있기 때문에 위험성의 크기를 비교할 수 있다.

코호트 연구에서는 일정 집단이 현재 흡연하고 있는지의 여부를 조사해두고 10년, 20년 추적해가면서 어떤 특징을 가진 사람이 폐암에 걸리는지를 확인하는데, 미래의 결과를 기다리기 때문에 '적극적인 연구'라고도 한다. 흡연습관이 없는 사람과 비교해 폐암에 걸릴 상대위험도로 그 위험성을 나타낼 수 있다. 그 결과, 담배가 폐암의 원인임을 확실히 확인할 수 있다면 다음 단계는 실험역학이다. 실험역학에서는 담배를 제거하면 폐암을 예방할 수 있는지의 여부를 확인한다. 대규모 코호트 연구의 성과 중 하나로, 녹황색 야채의 암 예방효과나 간접흡연의 발암성을 세계에 제일 먼저 발표한 히라야마 타케시 등의 '6부현(府縣) 계획조사'가 있다. 이것은 1965년에 40세 이상 주민 약 26만 5000명을 대상으로 설문조사를 하고, 이후 17년간 사망표를 추적, 재해석해서 얻은 설득력 있는 성과이다.

역학부장이 된 뒤 나도 어떤 연구방법이 가장 효과적인지를 생각하며 전국 12개 보건소 관내 14만 명이 참가하는 코호트 연구를 시작하도록 했다. 혈액검사나 혈청 보존을 도입하여 생체지표에 의해서 객관적인 판단을 할 수 있도록 한 것이다. 이후 유럽이나 미국에서도 똑같은 연구가 기획되어 진행 중이다. 우리가 실행한 후생성의 다목적 코호트는 암·순환기 질환을 대상으로 한 것이었지만, 나중에는 당뇨병이나 백내장도 대상 질환에 포함되면서 후생노동성의 정책입안에 있어서 귀중한 자산이 되고 있다. 인간을 대상으로 하는 연구에서는 최저 10년, 가능하면 20년은 추적하는 것이 좋은데, 그러기 위해서는 1세대로 부족할 것이다. 그래서 연구반은 츠가네 쇼이치로(津金昌一郎)로 계승되었고, 10년이 지나 다양한 성과가 나오게 되었다. 최근에는 된장국을 하루 3잔 이상 마시는 사람의 경우에 유방암에 걸릴 위험성이 절반 이하가 된다는 결과를 얻어 세계적인 전문지 『JNCI(Journal of National Center Institute)』에 게재되기도 했다.

디자이너 푸드 계획에서 JSoFF로

이제 이야기를 예방으로 되돌려보자. 제3세대 영양학 시대에 선구적인 역할을 담당한 것이 NCI(국립암연구소)다. NCI가 중심이 되어서 야채나 과일 등 식물성 식품의 암 예방효과를 연구하는 디자이너 푸드 계획(제3장 참조)은 1990년에 시작되었으며, 몇만 종류나 되는 화학물질로부터 약 600종류의 화학물질이 암 예방효과가 있을 가능성이 있다는 판단을 하기에 이르렀다.

그러나 NCI의 디자이너 푸드 계획은 1993년 갑자기 프로젝트에 대한 예산이 삭감되면서 연구가 좌절되고, 대체의료연구부가 탄생했다. 마침 나는 국립암센터에서 동경농업대학으로 적을 옮기면서 농예화학 쪽 사람들과 알게 되었다. 그래서 같은 계획에 참가하였던 나고야(名古屋) 대학의 오오자와 토시히코(大澤俊彦) 교수를 중심으로 다종다양한 분야의 연구자가 모여서 디자이너 푸드 계획을 잇기로 했다.

1995년 12월, 시즈오카(靜岡) 현 하마마츠(浜松) 시에서 세계 최초로 '식품인자의 화학과 암 예방' 국제회의가 열렸다.

세계 각국에서 모인 참가자가 모두 1000명을 넘을 정도의 대성황이었다. 이 기세를 타고 JSoFF(Japanese Society for Food Factors : 일본식품인자학회)가 결성되었다. JSoFF는 매년 학술회를 개최하는 한편, 국제회의도 4년마다 개최하고 있다. 제2회 국제회의는 교토 대학 오오히가시 하지메(大東肇) 교수를 회장으로 하여 1999년 12월 교토에서, 2003년 12월에는 농대의 아라이 소이치(荒井綜一) 회장을 중심으로 하여 3회째 국제회의를 동경에서 열었다. 한편 미국에서도 캐나다의 샤히디 교수가 중심이 되어 '뉴트러슈티컬(Nutraceutical, 기능성 식품)'이라는 학회를 산학협동으로 만들어 활동 중이다. 아울러 전미(全

美) 화학회 가운데 식품 부문은 매년 성황을 이룬다.

영양소가 아닌데도 건강효과를 발휘하는 식품인자

JSoFF의 회원들은 농예화학, 의학, 약리학, 영양학 등의 전문가로, 이전까지의 학문경계를 초월한 학제적 조직이 되고 있다는 점에서 독특한 존재다.

'Food Factors'의 역어인 '식품인자'는 익숙지 않은 말일 것이다. 식품인자란, 식품에 함유되어 있는 다양한 비영양소의 화학물질로, 영양소가 아닌데도 생리·약리기능을 발휘하는 물질을 가리킨다. 식품인자의 성분은 대부분 식품 속에 존재하는 쓴맛이나 아린 맛으로, 중독학 분야에서 오랫동안 독극물로서 연구되어 왔다. 예를 들자면, 20년 이상 전에 어시장에서 팔렸던 청매실(靑梅) 페이스트라는 것이 있다. 매실의 풋열매에는 아미그달린이라는 청산화합물이 함유되어 있는데, 효소에 의해서 청산(靑酸)을 생성하기 때문에 위험하다. 그런데 이것이 몸을 활성화시킨다는 소문이 퍼지면서 통조림 청매실 페이스트가 인기를 모았던 것이다. '먹으면 먹을수록 효과가 크다'는 소문에 적정량 이상을 먹는 사람도 있었던 모양이다. 그 결과, 15명 정도가 만성 청산중독으로 사망해 이후 판매금지에 처해졌다.

식품인자는 디자이너 푸드 계획의 연구범주에 있던 식물에만 그치지 않는다. 게나 새우의 껍질 등에서 추출되며 인간의 소화기능에 도움이 되는 아미노당의 일종인 키틴이나 키토산도 연구대상이다. 이것들은 다이옥신 배출작용도 하고 있어 앞으로의 연구가 기대된다. 해조류에 속하는 해초나 유산균도 식품이기 때문에 연구대상에서 예외는 아니다. 어쨌든 입에 들어가는 것이라면 무엇이든 식품인자로서 다루려고 하는 것이 일본식품인자학회의 연구태도다.

기능성 식품은 일본이 본토

식품인자는 영양소가 아닌데도 생리·약리기능을 발휘하는 물질이라고 설명했다. 이 생리·약리기능이야말로 근본적으로 일본이 개발해온 기능성 식품의 작용에 해당한다.

기능성 식품, 즉 '펑셔널 푸드(Functional foods)'라는 용어 자체도 일본이 세계에 제안해온 것이다. 그러나 좀체 받아들여지지 않았다. 본래 식품은 모두 영양소로서의 기능을 갖고 있는 터라 굳이 '기능성'이라 칭하는 것에 대해 이해받지 못했기 때문이다.

그러나 현재에 이르러서는 암 예방에만 초점을 맞췄던 '디자이너 푸드'를 대신하여 서구에서 '펑셔널 푸드'라는 말이 정착하게 되었다. 일본에서도 학술논문에서는 '펑셔널 푸드'를 사용하고 있다. 이미 알려져 있는 영양소로서의 작용을 능가하는 생리기능이나 약리기능이 있는 경우에는 '펑션(Function)'이나 '펑셔널(Functional)'이라고 표기하는 것으로 정착된 것이다.

식품이 갖는 3가지 작용과 특정보건용 식품

식품에는 3가지 기능이 있다. 첫 번째는 에너지 공급원으로서의 영양기능, 두 번째는 인간의 미각에 호소하여 '맛있다' 라는 느낌을 만족시키는 감각기능이다. 그리고 세 번째는 생체에 미치는 특정기능이다. 당시 동경대학 농학부 교수였던 후지마키 마사오(藤卷正生)나 아라이 소이치 등은 이를 주목하여 각각을 식품의 1차 기능, 2차 기능, 3차 기능으로 명명했다. 문부성은 1984년부터 식품의 기능성을 연구하는 특별연구반을 설치하였는데, 여기에는 농학, 의학, 약학 부문의 전문가가 동원되었다. 그리고 이 과정에서 아라이 소이치 등이 3차 기능을 갖는 식품을 기능성 식품으로 정의했다. 아라이 교수는 저(低)알레르겐(Allergen, 알레르기를 일으키는 항원) 쌀을 만들었으며, 그후 세 번째인 생체에 미치는 기능을 활용해 생활습관병의 예방과 회복, 노화 억제, 면역력 강화 등에 대한 연구를 더욱 더 확대해나가고 있다. 한마디로 말하면, 식품이 영양이나 감각적인 기쁨을 줄 뿐만 아니라 생체상태 조절작용이나 생리·약리기능도 갖고 있다는 것을 확실히 인식한 것이다.

후생성은 1988년부터 기능성 식품의 보급에 나섰으나, 영양개선법을 일부 개정해서 1991년에 '기능성 식품' 이 아니라 '특정보건용 식품' 이란 명칭으로 인가하기 시작했다. 일본에서는 약사법에 의해서 의약품에서 인정되고 있는 '기능' 을 식품이 강조해서는 안되게 되어 있기 때문에 그 대신 '특정보건용 식품' 이란 용어를 만들어낸 듯하다. 그러나 실제로는 '특정보건용 식품' 이란 말보다 '특보(特保)' 란 명칭

쪽이 많이 통용되고 있다.

특정보건용 식품(통칭 '특보')은 함유성분의 생리적인 기능이나 건강효과(유효성), 안전성 등에 대해서 후생노동성이 인정한 것으로, 말하자면 국가가 인정한 신종 가공식품을 뜻한다. 의학적·영양학적 근거에 의하여 인가되었을 때 비로소 '후생노동성 허가 특정보건용 식품'이라 기재되는 특보의 마크를 겉포장에 표시할 수 있다.

현재 특정보건용 식품은 음료수나 디저트, 분말스프, 조미료 등 400종 가까이나 있으며, 모두 동물실험이나 인간의 임상 데이터에 근거해서 개발되고 있다. 그 중에는 피험자의 수가 적어 인간을 대상으로 한 평가가 충분하지 못한 경우도 있다. 하지만 그렇더라도 약이 아니기 때문에 1일당 섭취기준량을 지키는 한 부작용 걱정은 거의 없다.

특보의 경우, 오히려 문제가 되는 것은 표시상의 제약을 들 수 있다. 각각의 특보가 어떤 병에 효과가 있는지를 확실히 알 수 없기 때문이다. 특보 마크가 붙어 있는 특정보건용 식품에는 함유되어 있는 영양소를 명시하는 영양성분 함유량 표시와 영양성분기능의 표시, 그리고 보건용도의 표시는 되어 있다. 그러나 '고혈압을 예방한다'는 식의 건강 관련 표시는 건강증진법상 인정되고 있지 않다.

그런 이유로 시판되고 있는 특보는 가령 '혈압이 높은 사람에게'라거나 '콜레스테롤 수치가 높은 사람에게', '혈당수치가 신경 쓰이기 시작한 사람에게', '중성 지방과 체지방이 신경 쓰이는 사람에게' 등과 같이 애매한 효능을 강조할 수밖에 없다.

식품업계도 이 제약에 부딪쳐 곤란한 상황이다. 일전에 상담했던

영양학과 암

야쿠르트 관계자의 말에 따르면, 야쿠르트를 장기간 섭취한 사람들을 추적한 데이터를 정리했더니 확실히 방광암이 적다는 결과가 나왔다고 한다. 하지만 '야쿠르트를 마시면 방광암을 예방할 수 있다'는 문구를 강조해서 특정보건용 식품으로 신청해도 후생성의 허가가 내려지지 않는다는 것이다. 그래서 어쩔 수 없이 '면역기능을 강화한다'라고 신청하면 이번엔 또 '그런 이해하기 어려운 효과라면 인정할 수 없다'며 불합격시키더라는 얘기다.

정부가 특보에 관해서는 유독 규제가 많은 것이 문제다. 식품위생법 등 상품을 구입한 소비자에게 사고가 일어난 경우에 업자가 책임을 질 것을 규정한 법률이 그 외에도 있는 만큼 지나친 규제를 가할 필요는 없지 않나 생각한다. 더욱이 표시에 대해서는 WHO(세계보건기구)나 FAO(국제연합식량농업기구) 산하에 '코덱스'라는 '식품표시표준화위원회'가 설치되어 있어서 검토하고 있는 상태다. 덧붙이자면, 국제적으로는 '질병예방에 효과가 있다'는 표시를 인정하는 방향이다.

건강식품의 3가지 분류

1991년 9월에 시행된 특정보건용 식품제도에 더해서 2001년 4월에는 보건기능식품제도가 새롭게 마련되었다. 새로운 제도가 개시된 배경에는 이른바 건강식품의 범람과 과대광고, '영양보조식품' 또는 '건강보조식품' 같은 식으로 분쟁이 생길 수 있는 명칭으로 시판되고 있는 상품에 대한 소비자의 불신이 있었다.

새로운 제도하에서 이른바 건강식품은 3가지로 크게 구별되게 되었다. 첫 번째는 국가가 개개의 상품성분 등을 심사한 상태에서 허가하는 '특정보건용 식품(특보)'으로, 일본이 독자적으로 개발해온 '기능성 식품'이 여기 해당된다. 단, 2001년의 법 개정으로 정제의 형태도 영양보조식품으로 시장에 출시되어 왔다.

두 번째는 영양성분 함유 표시와 영양성분기능의 표시가 시행되고 있는 '영양기능식품'이다. 이 역시 '영양보조식품(서플리먼트)'으로 지칭된다. 비타민이나 미네랄이 일정량 들어 있으면 영양기능식품임을 강조할 수 있다. 비타민이나 미네랄은 한 종류라도 좋고, 혼합물이라도 상관없다. 가령 비타민C에 은행잎 엑기스가 섞여 있어도 영양기능식품이라고 할 수 있다.

그런데 더욱 더 소비자를 혼란스럽게 하는 것은 세 번째 '기타 건강식품'이다. 영양성분 함유사실만 표시되어 있는 것이다. 이것은 식품위생법의 범주에서 다루어지고 있지만, 은행잎 엑기스나 상어의 연골, 가시오가피나 구아바 등 다양한 제품이 기능성 식품 또는 영양보조식품으로 판매되고 있기도 하다. 이상의 3가지 그룹은 카테고리가 다를 뿐, 함유되어 있는 화학물질은 공통된 것도 많아 내용물을 잘 살펴볼 필요가 있다(그림5-1).

영양보조식품의 과잉섭취는 위험하다

당뇨병식이나 신장병식과 같은 환자용 식품이 식품의 형태를 취하고 있는 데 반해 약국만이 아니라 슈퍼마켓에서도 손쉽게 살 수 있는 영양보조식품의 경우, 대부분은 정제나 캡슐 등의 형태다. 주성분은 대부분 비타민이나 미네랄, 또는 불면증에 효과가 있다는 멜라토닌 등의 호르몬이다.

영양보조식품의 경우, 매일의 식사로 부족하다고 생각되는 비타민 등을 이것으로 보충하는 것이지만, 그 효과나 부작용은 인간 대상의 임상실험으로 확인되지 않은 것이다. 게다가 섭취량의 문제가 있다. 후생성의 '제6차 개정 일본인의 영양소요량'에서는 영양보조식품의 과잉섭취에 대응해서 비타민과 미네랄에 허용상한 섭취량이 마련되어 있다.

실제로 비타민 중에서도 기름에 잘 녹고 물에 잘 녹지 않는 비타민 A 등의 지용성 비타민은 많이 섭취하면 체내의 지방에 점점 더 저장되어 중독이 되기 때문에 허용상한 섭취량을 정하는 것이 안전하다. 또한 미네랄의 경우도 셀렌이나 몰리브덴, 마그네슘에 암 예방효과가 있지만, 반면에 안전성과 독성의 폭이 매우 좁다. 영양보조식품으로 대량 섭취하면 그만큼 위험성도 증가하게 되는 것이다.

'제6차 개정 일본인의 영양소요량'의 허용상한 섭취량 기준에서는 NOAEL(No observable adverse effect level, 부작용이 일어나지 않는 농도)와 LOAEL(Low observable adverse effect level, 부작용이 나타난 최저농도)이 고려되어 있다. 어떤 것을 얼마나 섭취하면 부작용의 증상이 나타나게 되는지를 가늠하는 중독학의 개념이다. 이것에 안전율을 10배나 100배를 곱해서 1일 허용상한 섭취량을 정한다.

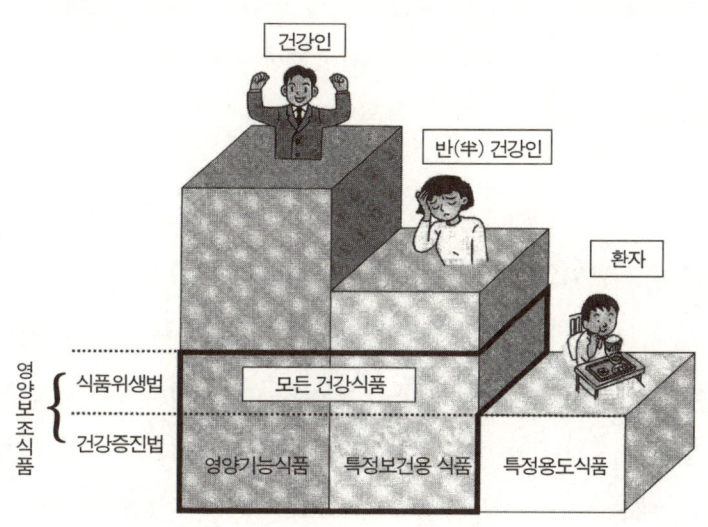

그림 5-1 │ 건강식품의 3분류

같은 영양보조식품이라 불려도 건강증진법에서 정하는 보건기능식품(영양기능식품과 특정보건용 식품), 특별용도식품과 규정 외 식품위생법으로 보호되는 이른바 건강식품이 있다.

비타민C의 경우, 인간의 몸에 필요한 양은 1일당 50mg 정도로 여겨졌다. 이에 대해서 비타민C를 오랫동안 연구해온 폴링 박사는 기능면에서 따지면 1일에 1000mg 정도가 바람직하다고 주장하였고, 지금은 1일 1g을 섭취할 수 있는 정제형 영양보조식품이 많이 시판되고 있다. 그렇더라도 비타민C는 수용성 비타민이라 과다섭취한 양은 전부 소변으로 배설되기 때문에 상관은 없다. 일본인의 영양소요량에서도 수용성 비타민의 허용상한 섭취량은 정해져 있지 않다. 다만 일본의 모 제약회사가 장시간 체내에 저장시키기 위해서 지용성 비타민C

를 개발하는 것에 대해서 나는 의구심을 갖고 강하게 반대했다. 어떤 식품이건 인간의 몸 전체의 역학을 숙고한 후에 개발하지 않으면 위험하기 때문이다.

몸에 필요한 영양성분은 식사로 섭취하자

또 하나, 영양보조식품에서 문제가 되는 것은 몇 종류나 되는 비타민이 배합되어 있는 멀티비타민이다. 이것에 의지하면 식사에서 영양을 섭취하는 것에 소홀해지기 쉽다. 본래 몸에 필요한 영양성분은 영양보조식품으로부터가 아니라 매일의 식사에서 섭취하는 것이 가장 바람직하다. 영양소 이외의 미지의 기능성 성분도 함께 섭취할 수 있고, 일단 식물성 식품인 경우에는 각각의 성분이 균형 있게 함유되어 있기 때문에 인체에 미치는 악영향이 적다.

영양보조식품과 같이 기능성 성분의 일부를 추출해서 정제한 제품은 대량으로 섭취하면 무슨 일이 일어날지 알 수 없는 위험성을 항상 내포하고 있는 것이다.

버섯 영양보조식품은 암 예방에 효과적인가

건강식품 중에는 사고를 일으키는 예도 적지 않다. 1977년에는 건강식품인 클로렐라 식품 상용자 중 중증 피부염이 연달아 발생했고, '곤약만난' 이란 건강식품 때문에 질식사하는 사고도 일어났다.

최근에는 버섯인 아가리쿠스나 상황버섯 영양보조식품이 대대적으로 선전되고 있다. 버섯류에 함유되어 있는 프로테오글리칸이라는 다당류는 면역기능을 활성화시켜 발암을 억제하는 작용이 있다. 하지만 이를 얻기 위해 굳이 영양보조식품을 섭취할 필요는 없다. 표고버섯이나 팽이버섯, 잎새버섯, 송이버섯 등 식용버섯을 음식으로 섭취해도 암 예방효과는 동일하기 때문이다.

한 제약회사가 말굽버섯의 균자체(菌子體)를 추출 · 정제하여 클리스틴이라는 이름의 의약품을 판매하기 시작한 적이 있다. 같은 무렵, 다른 제약회사는 용연균(溶連菌)으로부터 만든 OK-432도 암 면역에 효과적이라며 의약품으로 승인을 받았다. 면역부활작용이 있어서 암 환자의 쇠약함이나 QOL(생활의 질)을 개선한다는 것인데, 사람에게 있어서 효과가 명백하다고는 할 수 없다. 의약품의 경우, 시장에 나온 후 10년 정도 지나면 재평가되는 시스템이 자리잡고 있는데, 시장조사 결과 클리스틴은 암에 그다지 효과를 보이지 않는다는 점에서 용도가 매우 한정되고 있다. 영양보조식품, 특히 특보에 대해서는 차후 재평가되어야 한다는 의견도 있다.

식품 효과의 평가기준 순위

영양역학의 입장에서 보면, 건강식품이든 다른 식품이든 함유하고 있는 물질이 정말 효과가 있는지의 여부를 판단할 때의 기준이 되는 순위(등급부여)가 있다.

가장 신뢰성이 낮은 순서로 살펴보면 동물실험, 세포실험, 대가(大家)의 한마디나 증례보고다. 건강식품의 경우, '암 예방에 효과가 있다'는 표시를 할 수 없기 때문에 대신 암 환자가 '나는 이렇게 해서 고쳤다'는 식으로 광고하는 것에 많이 치우치게 된다. 하지만 어떤 영양보조식품을 매일 복용하는 동안 증상이 개선되었다는 보고가 있었다 해도 10명이 복용해서 1명에게 효과가 있는지, 100명이 복용해서 1명에게 효과가 있는지, 1000명 중 1명에게 효과적인지, 또는 1만 명 중 1명에게 효과적인지 전혀 판단할 수가 없다.

어쩌다 1만 명에 1명 정도 효과가 있을 수도 있다. 그러나 그것을 과학적인 효과라고 판단할 수는 없다. 나머지 9999명에게 아무런 효과가 없어서는 역시 권장할 수 없다. 신뢰성은 가장 낮다고 할 수 있다.

다음으로, 이런 증례보고의 상위에 있는 것이 분석역학이다. 주요 방법으로는, 증례대조연구나 코호트 연구가 있다. 건강식품 중에는 특보만이 분석역학단계 이상의 조사를 실행하고 있다.

그리고 순위 최상위에 있는 것이 실험역학의 개입실험이다. 개입연구는 임상실험과 같이 역학 디자인에 근거하여 대조군을 두고서 효과를 엄밀히 평가한다.

결과적으로 암 예방을 목적으로 한 건강식품은 대부분이 신뢰성이 낮은 평가에 의해 제품화된 것으로, 너무 의지해서는 기대치에 어긋날 가능성이 크다고 할 수 있다.

약으로 암을 억제하는 '화학예방'

가장 확실한 암 예방법은 발암을 억제하는 식생활이나 금연 등을 행해 개인의 라이프스타일에 신경을 쓰는 것이다. 한편, 이와 달리 약제를 사용해서 적극적으로 암의 발생을 정지시키려는 시도가 '화학예방'이다. 화학예방에서는 화학물질을 사용한다는 점에 있어서 제3세대 영양학의 카테고리에 들어가지만, 연구는 의외로 일찍부터 시작되었다.

1950년대 중반, 미국 연구자들은 암을 예방하거나 발육을 정지시키는 식품의 구성성분이나 약물 등을 탐구하기 시작했다. 그리고 이러한 암 예방을 '화학예방(Chemoprevention)'이라 명명한 사람은 1970년경 화학예방물질로 암을 예방하자고 발안(發案)한 뉴햄프셔주 다트머스(Dartmouth) 의과대학의 약리학 교수 마이클 스폰이다.

화학예방에서는 야채, 과일, 곡류 등의 식품에 함유되어 있는 발암을 저지할 수 있는 물질을 정제나 가공한 식품으로 만들어 사용하고, 대상은 장래 암에 걸릴 위험이 높은 사람들로 했다. 콜레스테롤이 높은 사람이나 고혈압인 사람에게 약제를 주어 심장병이나 심장발작의 예방을 목표로 하는 것과 똑같은 시도라 할 수 있다. 지금까지 동물실험, 역학조사, 또는 치료경험으로부터 몇백 개나 되는 화학예방물질이 결정되었고, 그 중 20개 이상의 물질이 인간에게 테스트되었다.

β-카로틴의 투여로 폐암이 증가했다

그 중에서도 미국의 NCI가 연구지원을 한, 대규모로 장기에 걸쳐 시행된 화학예방실험이 2가지 있다. 하나는 앞서 기술한, 식도암과 위암이 많은 중국의 임현 주민 2만 9584명을 대상으로 1985년부터 6년간 관찰한 '임현 일반집단실험'이다. 주민들에게 비타민과 미네랄 4가지를 조합한 것을 매일 복용하도록 한 결과, β-카로틴, 비타민E, 셀레늄을 복용한 그룹의 위암 사망률이 21%나 감소했다.

마찬가지로 1985년 NCI는 핀란드에서 β-카로틴의 대대적인 폐암예방 개입실험을 실행했다. 추적조사와 해석까지 8년이 걸렸고, 대상은 2만 9133명의 남성 흡연자였다. 그들에게는 매일 α-토코페롤(비타민E)나 β-카로틴, 또는 그 두 가지가 모두 경구투여되었다.

야채에 함유된 β-카로틴과 폐암의 관계는 여러 실험결과나 역학조사에서 β-카로틴이 암 예방에 효과가 있는 것으로 나타났기 때문에 실험 후 상당히 좋은 결과가 기대되었다. 실제로 일본의 국립암센터의 히라야마 타케시는 '니코틴을 끊고 카로틴을 섭취하자'며 금연과 β-카로틴의 섭취를 열심히 장려하기도 했다.

애초에 핀란드에서 이루어진 개입시험의 토대에는 이런 발상이 있었다. 담배를 피우면 폐암의 위험성이 높아진다는 사실은 움직일 수 없는 증거이다. 따라서 흡연자가 β-카로틴 정제를 복용함으로써 폐암의 위험성이 줄어든다면 담배를 피우더라도 β-카로틴의 복용에 의해서 폐암을 예방할 수 있지 않을까 하는 것이었다.

하지만 결과는 무참했다. 허혈성 심질환으로 사망하는 사람까지 약간 증가했을 정도였다. 폐암 예방의 기수였던 β-카로틴의 신화는

식
사
로
암
을
예
방
한
다

무참히도 붕괴되고 만 것이다. 이 놀랄 만한 결과에 세계의 암 연구자들은 크게 동요하면서 활발한 논의를 펴갔다. β-카로틴이 왜 폐암을 증가시키게 되었는지에 대한 원인이나 메커니즘에 대해서는 현재도 연구 중이다. 그런데 나를 포함한 많은 연구자들의 생각은 다음과 같다.

체내에서 발생하고 있는 프리라디컬(유해산소)은 매우 나쁜 것으로, DNA에 달라붙으면 갑자기 변이를 일으킨다. 생체의 프리라디컬 처리방법은 산화환원전위가 가장 높으면서 반응성이 강한 부대전자(不對電子, 프리라디컬)를 가진 히드로키시퍼옥사이드부터 차례로 조금씩 낮은 것으로 건네어지고, 마지막에는 비타민C에게 건네어져 물이 된다.

말하자면, 산의 급경사 골짜기에 다단계 사방(砂防)댐이 건설되어 있고, 그 댐에서 프리라디컬을 서서히 완화시키면서 처리하고 있는 상황이다. 그리고 댐의 높이에서 봤을 때 β-카로틴은 한가운데쯤에 위치해 있다. 그런데 핀란드의 개입시험에서는 이 β-카로틴 정제를 매일 대량으로 복용한 것이므로 산 중턱에 거대한 댐을 만든 셈이 된다. 저장하고 있는 동안은 좋았지만, 댐이 붕괴된 순간 물이 일시에 유출되면서 하류 쪽에 홍수를 일으켜 악영향이 발생한 것이다(그림 5-2).

비타민A에서 단순하게 환산한 β-카로틴의 1일당 권장량은 6mg이다. 그런데 핀란드의 실험에서는 1일 20mg이나 주었고, 혈중농도는 100ml당 300~400μg(마이크로그램)에 달하는 것이었다. 이 실패로 끝난 β-카로틴 투여시험으로부터 얻은 교훈은, 인체에 좋다고 여겨지는 물질이라도 대량으로 섭취하면 오히려 바람직하지 않은 결과를 얻을 수 있다는 것이다. 또한 시험관 내나 동물실험에서 아무리 좋은 결과를 얻었다 해도 인간개입연구를 하지 않는 이상, 실제 효과는 알 수 없다는 사실도 가르쳐주고 있다.

콩 식품 섭취가 많은 지역일수록 유방암이 적다

지금까지 영양소로서 취급되지 않았던 식품 내 화학물질의 암 예방효과가 주목을 모으고 있다. 그 중 하나가 콩 등에 함유되어 있는 이소플라본이다.

내가 이소플라본을 연구하기 시작한 것은 일본인이 서양인에 비해서 결장암, 자궁체부암, 유방암, 전립선암 등이 적은 데 대해 의문을 가진 것이 계기가 되었다(그림5-3). 국립영양조사의 지역별 데이터를 비교해 보면, 일본에서는 콩 식품을 많이 섭취하는 곳일수록 대장암, 유방암, 난소암, 자궁체부암 등 여성 호르몬인 에스트로겐 관련 암의 표준화 사망비가 적음을 알 수 있었다.

10년을 연구한 끝에 도달한 결론은 콩에 함유된 이소플라본의 항에스트로겐 작용에 의한 암 예방효과이다. 이소플라본에 함유된 게니스테인(Genistein)과 다이제인(Daidzein)은 인간에게 흡수되면 항에스트로겐 작용을 발휘하기 때문에 '식물성 에스트로겐'이라고도 불린다.

실제적으로 게니스테인이나 다이제인은 구조가 에스트로겐과 대단히 흡사해서 에스트로겐 리셉터와 결합하여 에스트로겐 작용을 방

산중턱에 β-카로틴이라는 거대한 댐이 출현

영양학과 암

β-카로틴 댐 이 붕괴되어 하류에 대홍수를 일으키다

그림 5-2 │ 프리라디컬을 처리하고 있는 다단계 댐

해하기 때문에 유선(乳腺) 등의 암세포화를 막는 것 같다. 게니스테인은 암의 초기에 암으로 진행하는 작용을 하는 효소를 작용하지 못하게 하거나, 남성 호르몬을 에스트로겐으로 바꾸는 효소를 저지하거나, 암의 성장에 필요한 혈관을 만들지 못하게 하는 등 다양한 약리작용이 발견되고 있다. 최근에는 다이제인으로부터 장내 세균이 분해해 생성되는 에쿠올(Equol, 다이제인의 에스트로겐성 대사산물)이라는 물질의 강한 에스트로겐 효과가 판명되어 세계적으로 주목을 모으기 시작했다.

이소플라본은 두부, 된장, 두유 등의 콩 식품에 함유되어 있으며

암 이환율의 국가별 비교

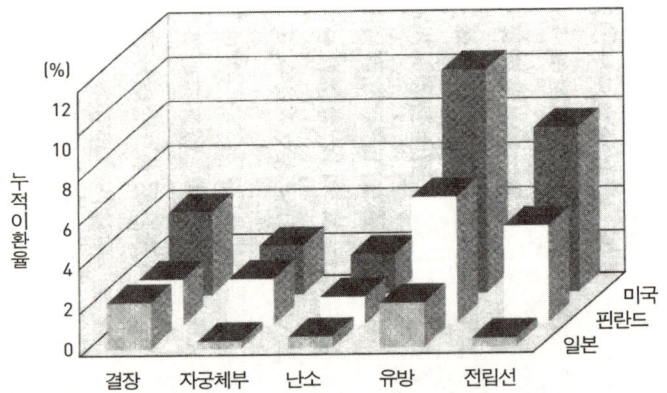

그림 5-3 | 암 이환율의 국가별 비교
일본인은 서양인에 비해 결장암, 자궁체부암, 유방암, 전립선암 등의 이환율이 낮다.

일본인은 1일당 40~60mg의 적당량을 섭취하고 있다. 콩 식품을 잘 먹지 않는 서양인의 경우, 이소플라본 섭취량은 1일 1mg 이하에 지나지 않는다.

실험으로 증명된 이소플라본의 효과

이소플라본의 유방암 예방효과를 증명하기 위해서 우리는 생선의 탄 부분에서 생성된 발암물질 PHIP를 흰쥐에게 투여하는 동물실험을 실행했다. 흰쥐를 5군으로 나누어 1군에게는 기초사료와 PHIP만을 투여하고, 2군에게는 유방암의 개시기(Initiation) 때만 PHIP와 함께 콩 배아분을 투여하고, 3군에게는 PHIP를 다 투여한 촉진기(Promotion) 때만 콩 배아분을 투여하고, 4군에게는 콩 배아분과 함께 해독작용을 하는 제2상 효소의 유도작용을 가진 숙성마늘을 섞어주고, 5군은 PHIP도 콩 배아분도 투여하지 않는 컨트롤군으로 설정했다.

실험기간은 28주였다. 흰쥐의 수명은 100주 정도이므로 흰쥐의 1주는 인간의 1년에 가까워 인간으로 치면 28년이나 되는 장기간에 해당한다. 사람을 실험하여 암 예방을 검증하는 일이 얼마나 어려운지 납득할 수 있다. 그러므로 예를 들어 '암 예방을 위해 어떤 방법을 2~3년 사람에게 실행했더니 효과가 없었다' 는 식으로 결코 단언할 수 없다. 적어도 20년 정도 계속하지 않고서는 올바른 결과를 얻을 수 없기 때문이다. 그런 점에서 흰쥐는 수명이 짧기 때문에 28년간에 해당하는 추적조사가 가능하다.

PHIP를 이용한 흰쥐의 유방암 실험을 통해 유방암 누적이환율을 산출해낼 수 있었다. 실험개시 후 12주까지는 5개 군 모두에게서 아무런 변화도 발견할 수 없었다. 인간으로 치면 PHIP만큼의 강력한 발암물질을 투여해도 12년간은 아무 일도 일어나지 않는다는 뜻이다.

그렇지만 20주를 지나면서부터 기초사료와 PHIP만을 먹은 흰쥐의 유방암 누적이환율이 급상승하는 것에 비해 개시기와 촉진기에 콩을 먹은 흰쥐의 경우는 이환율의 증가가 완만했다.

실험이 종료된 28주에 이르러서 산출한 결과는 다음과 같았다.

먼저, 컨트롤군의 흰쥐 중 유방암에 걸린 것은 0%였다. 그리고 기초사료와 PHIP만을 먹인 경우에는 65%의 흰쥐에서, 개시기에 콩 배아분을 먹인 경우에는 41%의 흰쥐에서, 촉진기에 콩 배아분을 먹인 경우에는 24%의 흰쥐에서 유방암이 발생하였다. 이소플라본이 개시기와 촉진기 양 시기에 억제효과를 발휘했다는 결과가 나온 것이다.

한편, 콩 배아분과 숙성마늘을 섭취한 흰쥐의 경우에는 유방암 발생이 15%로 억제되고 있었다. 예컨대, 사료에 콩 배아분과 숙성마늘을 섞으면 70% 가까이나 유방암을 억제할 수 있었던 것이다. 65%의 흰쥐에게 유방암을 일으킬 정도로 매우 강력한 발암물질을 투여했다 하더라도 음식에 따라서 70%나 발암을 억제할 수 있다는 것. 이 실험 결과는 인간에게 있어서 식품에 의한 암 예방이 가능하다는 사실을 강력하게 입증해준다.

6장

암이 근접할 수 없도록 하는
'식품 피라미드'

야채, 과일, 곡류, 해조류 등의 식물성 식품에 포함되어
있는 암 예방물질을 다양하고 풍부하게 섭취하고 지방이
많은 육류를 적게 섭취하는 단순한 식생활이, 비만이나
동맥경화를 예방하고 나아가서는 암을 포함한 생활습관
병 전반을 예방하게 된다.

'식품 피라미드'의 과학적 근거—피토케미컬

5장에서 보았듯 콩의 배아 부분이 흰쥐의 유방암을 절반 이상이나 예방할 수 있었던 점에서 지금까지 버려졌던 배아 등의 부분이 예상 외의 기능을 갖고 있음을 납득할 수 있었을 것이다.

대부분의 피토케미컬은 식물 자체를 번성시켜 몸을 지키는 구조를 담당하고 있다(그림6-1).

본 장에서는 식물이 만드는 화학물질인 이 피토케미컬을 중심으로 해서 내가 고안한 암 예방식 모델인 '식품 피라미드'를 소개하기로 한다. '식품 피라미드'는 암을 저지할 수 있는 식품을 1일 섭취량에 맞추어 피라미드형으로 배치한 것으로, 이것을 참고하면 암이 근접할 수 없는 식생활을 실현할 수 있다. 이 피라미드가 강력한 암 예방효과를 발휘할 수 있는 근거가 되는 것이 바로 야채나 과일, 곡류 등의 식물성 식품에 함유되어 있는, 현재 화제가 되고 있는 피토케미컬이라는 물질이다.

피토케미컬(Phytochemical)의 Phyto는 그리스어로 '식물'을 의미하기 때문에 피토케미컬이란, 즉 식물이 만드는 화학물질을 뜻한다. 피토케미컬은 아직 생명을 유지하는 데 필요한 영양소로 분류되어 있지는 않지만, 발암을 예방하는 능력이 매우 뛰어나 몇몇 물질은 장래 영양소로서 다루어지게 될 것이라 확신하고 있다.

핀란드에서의 β-카로틴의 개입시험이 실패로 끝나면서 하나하나의 화학물질을 검토해서는 100년을 기다려도 무엇을 먹어야 좋을지 알 수 없을 것이라는 생각이 들었다. 그래서 우리는 새로운 역학 디자인을 구상했다. 이 역학 디자인에서 목표로 삼은 것은, 어떤 식품인자(식품 중의 영양소가 아닌 화학물질)를 어떤 조합으로 어느 정도 먹고 있는가를 계산하여 어떤 섭취방법이 건강에 좋은지를 밝히기로 한 점이다. 그러기 위해서 우리는 다양한 야채나 과일 속에 들어있는 피토케미컬을 분석, 데이터베이스를 만들어왔다. 이것에 의해서 어떤 피토케미컬의 조합이 인간의 건강에 가장 도움이 되는지를 분명히 할 수 있고, 나아가서는 피토케미컬의 유효성을 토대로 어떤 식재료를 조합해서 먹으면 좋을지 알 수 있을 것이다. 다행히 과학기술청으로부터 연구비를 지원받아 5년간의 프로젝트를 통해 연구, 데이터베이스를 작성하였다.

피토케미컬의 작용이 연구되기 시작한 것은 의외로 오래되지 않았다. 20년 정도 전인 1980년경의 일이기 때문이다. 미국의 NCI(국립암연구소)에서 화학물질 프로젝트가 개시되면서 질병의 예방·치료를 위한 피토케미컬의 안전성과 유효성, 적용성에 대해서 평가하기 시작했다. 비타민과 미네랄은 그 결핍증이 질병을 일으킨다는 점에서 야채 등의 식물에는 비타민이나 미네랄 이외에도 질병예방에 도움이 되는 물질이 분명 있을 것이란 생각을 하게 되었고, 그 물질이 식물의 화학물질인 피토케미컬이란 것을 안 NCI가 그 기능을 본격적으로 연구하기 시작한 것이다.

지금까지 900종류 이상의 피토케미컬이 음식 성분으로 판명되었다. 야채 단 한 그릇 정도의 분량 속에도 100종류가 넘는 피토케미컬이 존재하고 있다고 추측된다.

피토케미컬의 뛰어난 암 억제력

야채, 과일, 곡류, 버섯, 해조류와 같은 식물성 식품에 함유되어 있는 피토케미컬의 대부분은 색소나 향, 쓴맛 등의 성분이다. 이들 성분의 발암억제력은 굉장한 것으로, 임상적 암의 스테이지 I이나 그 이상으로 진전된 단계에서도 암의 진행을 정지시킬 수 있다.

물론 피토케미컬의 유효성이 제시된 증거의 대부분은 연구실에서의 실험에 의한 것이다. 실험동물에게 발암물질과 일정량의 피토케미컬을 주었을 때 확실히 피토케미컬은 발암을 억제하였고, 동물만이 아니라 특정 집단을 대상으로 한 역학조사에서도 콩의 이소플라본과 같이 어떤 종류의 피토케미컬은 암 예방효과를 나타냈다. 따라서 미래에 암 예방연구의 새로운 분야로서 이소플라본 이외 다른 많은 물질에 대해서도 더욱 더 많은 연구를 진행할 필요가 있다.

피토케미컬이 인간의 질병 중에서도 특히 암 예방물질로서 미국에서 부각된 것은 극히 최근의 일이지만, 연구자의 한 사람으로서 나는 그 장래성에 큰 기대를 갖고 있다. 피토케미컬을 음식으로부터 섭취함으로써 암을 한층 더 저지할 수 있을 것임에 틀림없기 때문이다.

항산화작용이 발암을 억제한다

암은 중요한 DNA 유전자에 상처를 주는 것으로부터 시작된다. 그리고 DNA에 상처를 주는 것은 프리라디컬이나 활성산소다. 우리 인간은 식사로 섭취한 포도당을 세포인 미토콘드리아로 연소해서 에너지를 만들어내는데, 그때 여분의 활성산소나 프리라디컬이 생성되는 것이다. 프리라디컬은 매우 불안정한 분자구조를 가진 물질로, 강한 산화력이 있다. 물론 그런 위험한 것을 대사해서 무독화(無毒化)시키는 구조도 있지만, 프리라디컬의 양이 너무 많으면 해독력이 쫓아가지 못하게 된다. 대부분의 발암물질도 흡수된 후에 분자가 활성화하여 프리라디컬이 되어 DNA를 변이시킨다. 그리고 프리라디컬은 세포의 유전자를 상처내 발암작용만 하는 것이 아니다. 체내세포의 단백질이나 지질이 산화되면 세포의 집합체인 장기나 조직의 기능이 약해져 노화나 동맥경화가 진행되기도 한다.

식물성 식품에 가장 많이 함유되어 있는 피토케미컬의 암 예방효과는, 프리라디컬에 의해 체내조직이 산화되지 않도록 하는 항산화작용이다. 널리 연구된 비타민C나 비타민E 역시 항산화작용을 하는 비타민이다. 또한 피토케미컬 중에는 프리라디컬화한 물질에 글루쿠론산(Glucuronic acid)이나 글루타티온(Glutathione)과 같은 체내 화학물질을 결합시켜서 소변을 통해 체외로 배출하기 쉽도록 하는 효소를 활성화하는 작용을 가진 것도 있다. 그 외에도 여러 가지 효소를 유도하거나 활성을 억제하거나 해서 암을 예방하는 피토케미컬도 있다. 그것들은 생체 내의 단백질이나 지질 등 다양한 고분자에 작용해서 상상 이상으로 복잡한 네트워크를 만든다고 알려져 있다.

암이 근접할 수 없도록 하는 「식품 피라미드」

주목받고 있는 피토케미컬의 놀라운 기능

암 억제효과를 가진 대표적인 피토케미컬은 크게 나눠서 폴리페놀, 카로티노이드, 유황화합물, 테르펜류, β-글루칸 등이 있다. 이들 5가지 피토케미컬은 암만이 아니라 노화나 동맥경화까지도 예방한다. 이 외에도 아미노산이 복수로 결합한 화합물인 펩티드 등 새로운 그룹도 첨가되고 있다.

❶ 폴리페놀

레드 와인 붐으로 일약 유명해진 폴리페놀은 2가지 이상의 수산기를 가진 화합물의 총칭으로, 자연계에 가장 많은 것이 플라보노이드군이다. 이것은 식물의 떫은맛이나 색소의 성분으로, 잎·꽃·줄기·껍질 등에 포함되어 있다.

플라보노이드는 식물이 광합성을 할 때 만들어지는 탄수화물이 복잡한 환상(環狀)화합물로 합성되어 만들어진 물질로, 녹차에 풍부한 카테킨이나 콩에 포함되어 있는 이소플라본, 양파에 많은 케르세틴, 사과의 켐페롤 등 자연계에는 수천 종류나 있다. 또한 깨의 리그난이나 카레가루로 사용되는 심황의 클루쿠민 등도 비교적 흔하게 섭취되는 폴리페놀이다.

폴리페놀의 대부분은 강한 항산화작용을 해 체내에 들어가게 되면 유전자나 세포가 유해한 프리라디컬에 의해서 산화되어 상처 입는 것을 방지해준다. 또한 이소플라본은 스테로이드 호르몬과 비슷한 구조를 가졌기 때문에 항에스트로겐 작용을 나타내기도 하고, 남성호르몬

합성효소를 억제하기 때문에 전립선암의 예방을 기대할 수 있다.

블루베리에 함유된 안트시아닌은 망막의 로드프신이라는 색소의 회복에 도움이 되며, 시력을 높이는 효과가 있다. 제2차 세계대전 때는 블루베리 잼이 영국군 조종사들 사이에서 애용되었다. 단, 자몽(Grapefruit) 내의 헤스페르딘의 경우와 같이 약과 상호작용을 갖기 때문에 뜻밖의 부작용을 강화시키는 경우도 있으므로 주의가 반드시 필요하다. 옛날부터 함께 먹지 못하도록 한 식품조합의 대부분은 이런 체험에서 탄생한 것이다.

❷ 카로티노이드

카로티노이드는 주로 녹황색 야채나 해조류 등에 함유된 색소성분의 총칭이다. 이 역시 광합성으로 만들어지는 탄화수소가 고리형태(環狀)로 길어져서 생긴다. 해조류의 푸코크산틴(Fucoxanthin)도 카로티노이드인데, 이 카로티노이드 역시 자연계에서 많이 볼 수 있는 피토케미컬이다. 카로틴은 황색, 오렌지색, 적색을 띠는 것으로 구분하기가 쉽다. 최근에는 색이 선명한 붉은색이나 황색의 파프리카가 등장했는데, 그것이 카로틴의 색깔이다. 쉽게 볼 수 있는 녹색 피망은 실은 미숙한 것을 수확한 것이다. 황색의 색소성분인 β-카로틴은 녹색식물 세포에 포함되어 있는 엽록소가 태양광선으로 인해 손상을 입지 않도록 항산화물질로 존재하는 것으로, 녹황색 야채 외에 당근이나 감자, 고구마에도 많이 함유되어 있다. 또한 붉은색의 리코펜은 토마토나 수박에 많이 함유되어 있다.

β-카로틴 신화가 붕괴한 후 토마토에 많이 함유된 리코펜이 주목 받고 있다. 그 외에도 암 예방효과를 지닌 것으로, 녹황색 야채의 α-카로틴이나 귤 등과 같은 감귤류의 β-클립키산틴 등이 유력시되고 있다.

❸ 유황화합물

유황화합물은 문자 그대로 유황원자가 포함되어 있는 화합물의 총칭으로, 황화아릴 · 알리신 · 이소티오시아네이트 등 많은 종류가 있다. 유황원자는 체내에서는 미량의 금속이지만, 유황을 포함한 시스테인이나 메티오닌과 같은 필수아미노산이나 해독에 필요한 글루타티온 등 중요한 기능을 가진 펩티드나 단백질 기능을 담당하고 있다.

유황화합물은 마늘, 파, 양파 등의 향 성분, 무, 고추냉이, 갓(씨로 겨자를 만듦) 등 유채과 야채의 매운 성분으로, 암이나 동맥경화를 예방하고 간의 해독작용을 강화시키며 발암물질을 무독화해서 체외로 배출시키는 등 다양한 효능을 기대할 수 있다.

브로콜리의 새싹(Sprout)에는 해독효소를 활성화해서 발암물질을 무독화시키는 설포라판(Sulforaphane)이라는 유황화합물이 성숙한 브로콜리의 20배 이상이나 함유되어 있다. 이 브로콜리 새싹의 강력한 암 억제효과는 1997년 미국의 존스홉킨스 대학의 폴 탈라리 교수에 의해서 발표되었고, 미국에서 다양한 새싹채소 붐을 일으켰다.

그 탈라리 교수의 소개로 나는 TV의 정보 프로그램에서 실험을 한 적이 있다. 준비된 것은 수경재배로 발아한 예쁜 브로콜리 새싹이었다. 맛을 봤더니 날것이지만 냄새가 없어 브로콜리를 싫어하는 사람도 먹을 수 있을 것 같았다. 1주일 동안 남녀 12명에게 매일 100g의 새싹을 섭취하게 하고 혈액의 과산화지질이나 DNA 장애의 변화를 측정했다. 그러자, 불과 1주일 만에 모든 수치가 유의적으로 낮아져 그 빠른 효과에 다들 놀라워했다.

새싹채소의 종류는 계속해서 풍부해지고 있다. 큰 슈퍼마켓에서는 고추나 크레숑(Cresson), 메밀국수, 해바라기의 새싹까지 구비하고 있다. 물론 집에서 간단히 재배할 수도 있다. 우리에게 친숙한 떡잎 무나 콩나물도 새싹의 일종으로, 동일한 암 예방효과를 발휘한다.

❹ 테르펜류

허브나 감귤류의 향이나 쓴맛 성분인 테르펜류도 암 예방효과가 높다. 로즈마리 등에 함유되어 있는 지테르펜은 암세포의 발육을 억제하는 효과를 발휘한다. 또한 암 예방실험에서 효과를 나타낸 리모넨은 감귤류 특유의 상쾌한 향 성분으로, 정신기능에도 영향을 끼치는 것으로 알려졌다. 여성에게 인기가 있는 아로마테라피 등에서 사용되는 라벤더 등 대부분의 정유(精油, 에센스 오일)는 거의가 모노테르펜류에 속한다.

❺ β-글루칸

β-글루칸은 버섯류에 함유된 불소화성 다당체의 일종이다. β-글루칸은 대식세포 등 면역계 세포를 활성화하여 면역력을 높이기 때문에 암세포가 발생하면 자신과는 다른 물질로 인식해서 제거하는 작용을

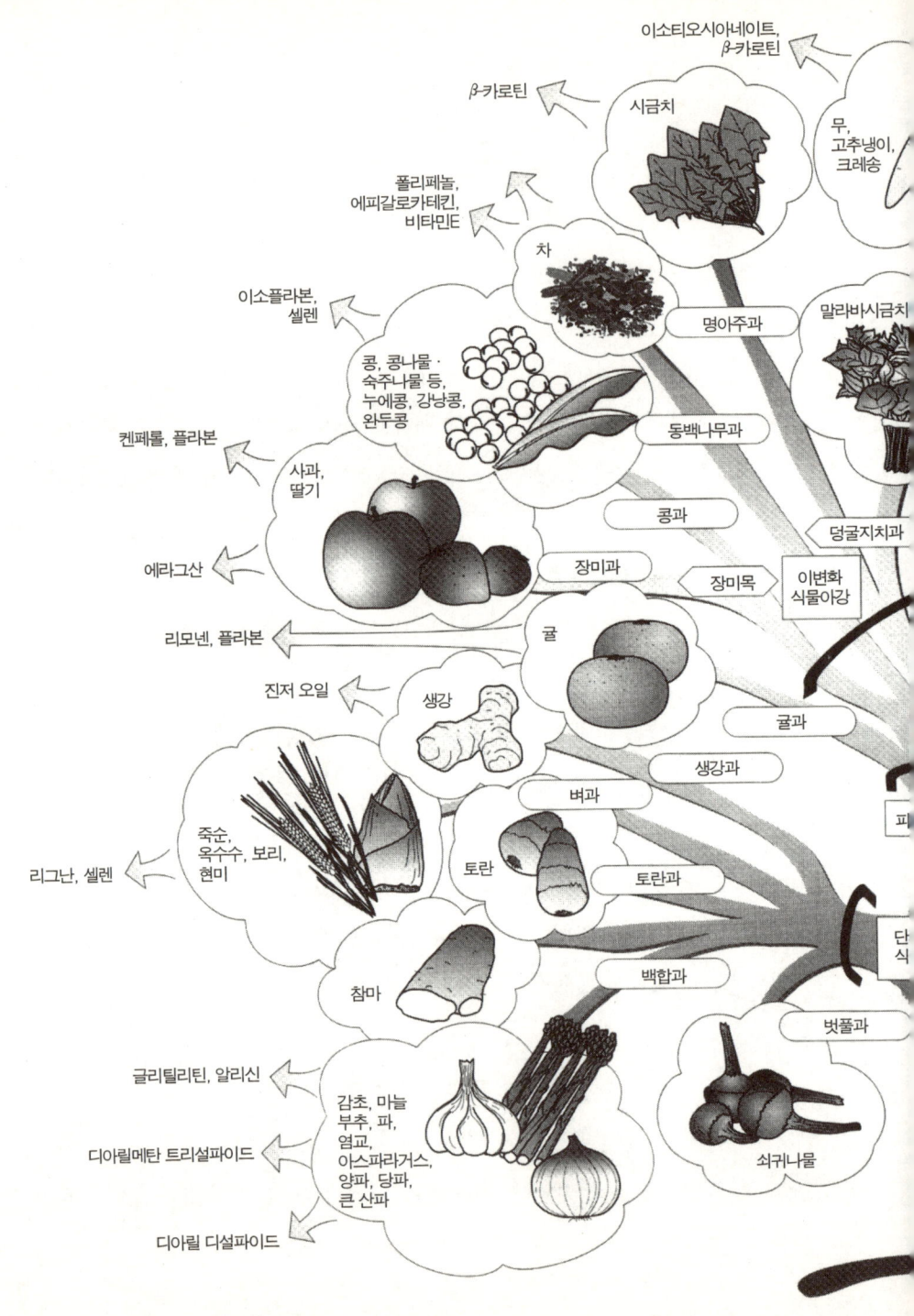

이소티오시아네이트,
β-카로틴

β-카로틴

무,
고추냉이,
크레송

시금치

폴리페놀,
에피갈로카테킨,
비타민E

차

명아주과

말라바시금치

이소플라본,
셀렌

콩, 콩나물·
숙주나물 등,
누에콩, 강낭콩,
완두콩

동백나무과

켄페롤, 플라본

사과,
딸기

콩과

덩굴지치과

에라그산

장미과

장미목

이변화
식물아강

리모넨, 플라본

귤

진저 오일

생강

귤과

생강과

죽순,
옥수수, 보리,
현미

벼과

리그난, 셀렌

토란

토란과

참마

백합과

파

벗풀과

글리틸리틴, 알리신

감초, 마늘
부추, 파,
염교,
아스파라거스,
양파, 당파,
큰 산파

디아릴메탄 트리설파이드

쇠귀나물

디아릴 디설파이드

단
식

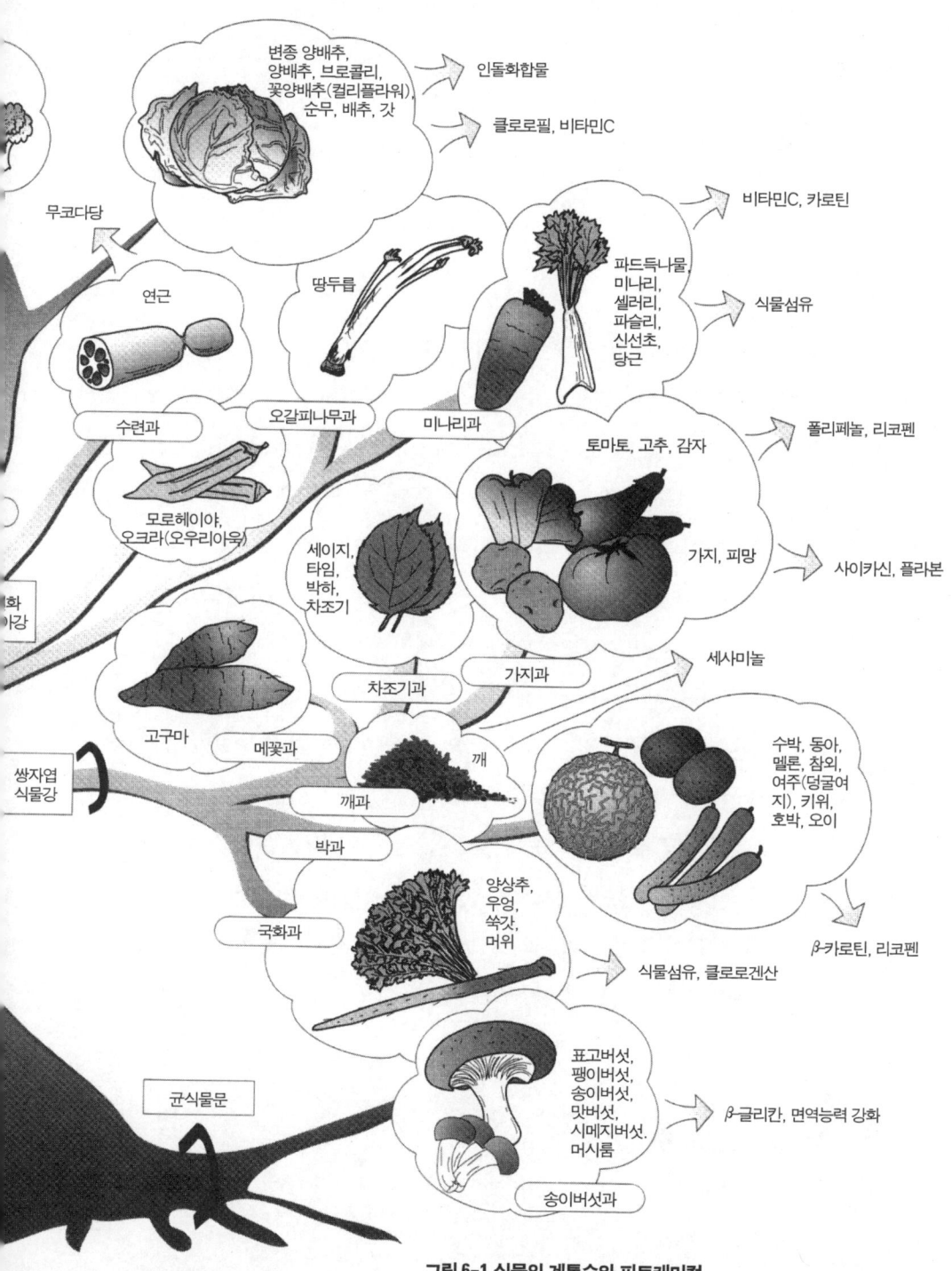

변종 양배추, 양배추, 브로콜리, 꽃양배추(컬리플라워), 순무, 배추, 갓 → 인돌화합물

클로로필, 비타민C

무코다당

비타민C, 카로틴

연근

땅두릅

파드득나물, 미나리, 셀러리, 파슬리, 신선초, 당근 → 식물섬유

수련과

오갈피나무과

미나리과

토마토, 고추, 감자 → 폴리페놀, 리코펜

모로헤이야, 오크라(오우리아욱)

세이지, 타임, 박하, 차조기

가지, 피망 → 사이카신, 플라본

차조기과

가지과

세사미놀

고구마

메꽃과

깨

수박, 동아, 멜론, 참외, 여주(덩굴여지), 키위, 호박, 오이

쌍자엽식물강

깨과

박과

β-카로틴, 리코펜

국화과

양상추, 우엉, 쑥갓, 머위

식물섬유, 클로로겐산

균식물문

표고버섯, 팽이버섯, 송이버섯, 맛버섯, 시메지버섯, 머시룸 → β-글리칸, 면역능력 강화

송이버섯과

그림 6-1 식물의 계통수와 피토케미컬

하여 암의 성장을 막아준다. 단, 인간을 대상으로 한 데이터는 아직까지 충분하지 않은 실정이다.

일본인의 피토케미컬 섭취량

일본인의 야채 섭취량은 미국을 눌렀지만, 피토케미컬 섭취량의 경우는 어떨까? 아무리 미량이라도 몇 년 동안 계속 섭취하면 상당한 양이 될 것이 분명하다. FFF(Functional Food Factors) 데이터베이스에 적용하면, 피토케미컬의 섭취량도 식사조사를 통해 계산할 수 있다. 일본인 1일당 피토케미컬 추정섭취량은 플라보노이드가 10~20mg, 이소플라본이 40~60mg, 카로티노이드가 3mg 정도다. 비타민C가 50mg 정도, 비타민E는 수 mg 정도이므로 피토케미컬은 비타민에 필적하는 양이 섭취되고 있는 것이다.

야채에는 제철이 있기 때문에 피토케미컬의 섭취는 1년 내내 동일하지 않다. 여름에는 수박이나 토마토에 함유되어 있는 리코펜의 섭취가 늘고, 이소플라본의 섭취도 맥주에 풋콩을 안주로 먹는 계절을 맞으면 증가한다. 이렇게 다양한 피토케미컬의 연간 섭취량은 약 30g 이상이 되는데, 복합적인 작용을 생각하면 단일약제를 복용하는 화학예방 이상의 암 예방효과를 확실히 얻을 수 있다.

녹차는 위암을 예방할 수 없다?

피토케미컬의 전모는 아직 파악하지 못한 상태라 다량으로 섭취한 경우의 부작용 역시 모두 해명되지 않았다. 그런 가운데 녹차에 함유되어 있는 카테킨이 최근 문제가 되고 있다. 일본에서 가장 사망률이 낮은 현은, 시즈오카현과 나가노현이다. 그 중에서도 암 사망률을 주목해보면, 특히 시즈오카현 차(茶) 산지에서의 위암 발생률은 전국 평균의 절반도 되지 않는다. 이 때문에 녹차의 암 예방작용이 각광을 받았다. 병례대조연구에서도 차를 하루에 10잔 이상 마시는 사람은 위암이나 대장암이 적게 발생한다는 결과가 나왔다.

녹차의 암 예방성분은 쓴맛이나 떫은맛의 토대가 되는 탄닌으로부터 추출된 카테킨이다. 국립암센터의 후지키 후토(藤木太) 등은 이 카테킨 중에서도 에피갈로카테킨갈레이트(Egcg)라는 물질이 강력한 암억제작용을 갖고 있다는데 착안, 동물실험을 하여 에피갈로카테킨갈레이트가 피부암을 억제한다는 사실을 발견했다. 뿐만 아니라 카테킨에는 암 억제효과 외에도 살균효과나 비만 예방효과도 있고, 동맥경화 억제효과 등도 있다는 평가를 받았다.

그런데 최근의 역학연구에서 녹차의 암 예방효과에 대한 의혹이 불거져 나왔다. 도호쿠(東北) 대학의 츠보노 요시타카(坪野吉孝) 등은 미야기(宮城)현에 사는 약 2만 6000명의 식사를 조사하여 9년 간 추적조사를 실행했다. 그런데 예기치 않은 결과가 나왔다. 녹차 섭취량이 늘어나도 위암의 위험이 감소하지 않는다는 사실이다. 그리고 2003년에는 미에(三重) 대학 의학부 가와니시 마사오(川西まさお) 교수 그룹이 카테킨이 세포내의 DNA 유전자를 상처입혀 암을 발증시킨다

는 연구를 하기에 이르렀다. 이 연구를 통해 가와니시 교수 등은 녹차에 함유된 약 40배 농도의 카테킨을 인간의 세포에 주입하면 보통의 상태에 비해서 1.5～2배 가량 DNA가 손상된다는 사실을 제시했다. 40배나 되는 농도의 카테킨을 섭취하기 위해서는 매우 많은 양의 녹차를 마시지 않으면 안된다. 따라서 매 식사 후 찻잔으로 1～2잔의 양이라면 걱정할 것이 없다. 하지만 어쨌든 이러한 결과들은 피토케미컬 과다섭취의 경우도 좋지 않은 결과를 낳는다는 예일 수 있다. 카테킨 강화녹차 등은 과다섭취하지 않는 것이 좋을 것이다.

미국판 '푸드 가이드 피라미드'

영양부족의 시대에는 그저 배불리 먹을 수 있는 것이 행복이었다. 이후 포식, 과식의 시대가 되자, 비만자가 늘어나면서 필요한 것을 적당히 섭취하는 일의 중요성이 커졌다. '닛켄(日硏) 푸드(역자 주 : 일본에서 천연조미료 등을 생산하는 식품회사)'의 오치 히로토모(越智宏倫) 회장은 당뇨병과 심장병을 앓으면서 식사의 중요성을 실감하여 유기농 야채 등의 개발을 일찍이 시작했으며, 현재 활발히 '미식소식(美食小食)'을 권장하고 있다. 예전에 영양부족의 시대에는 식량원조 때문에 탄수화물 몇 g, 지방 몇 g 식으로 계산한 후 영양지도를 했지만, 오늘날처럼 미식·소식의 시대에 그런 방법이 통용될 수는 없다. 그래서 WHO는 영양소만이 아니라 식품에 의한 영양지도 가이드라인도 필요하다고 생각하여 식품중시의 방향으로 방침을 전환해왔다. 이에 대

푸드 가이드 피라미드 | Food Guide Pyramid
매일의 음식 선택을 위한 가이드 | A Guide to Daily Food Choices

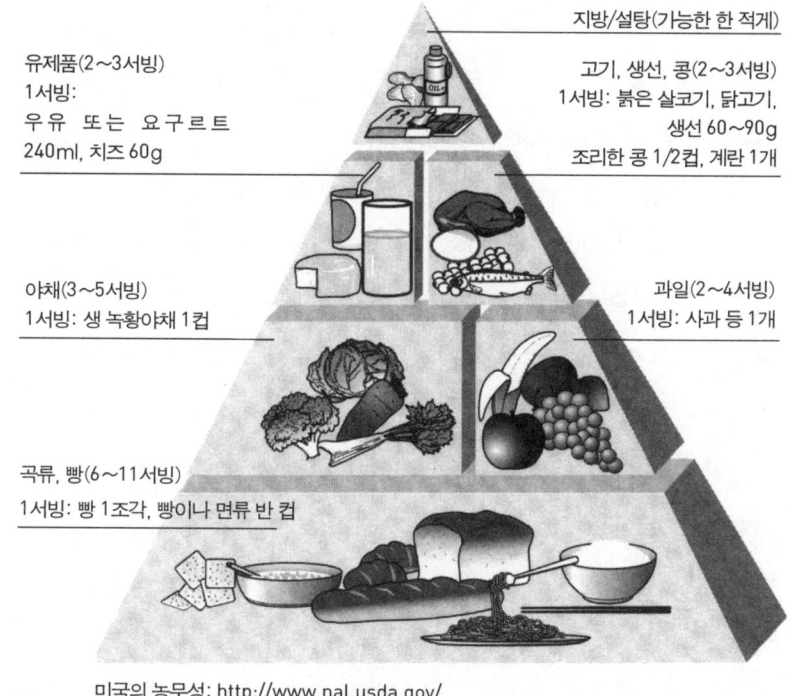

지방/설탕(가능한 한 적게)

유제품(2~3서빙)
1서빙:
우유 또는 요구르트
240ml, 치즈 60g

고기, 생선, 콩(2~3서빙)
1서빙: 붉은 살코기, 닭고기,
생선 60~90g
조리한 콩 1/2컵, 계란 1개

야채(3~5서빙)
1서빙: 생 녹황야채 1컵

과일(2~4서빙)
1서빙: 사과 등 1개

곡류, 빵(6~11서빙)
1서빙: 빵 1조각, 빵이나 면류 반 컵

미국의 농무성: http://www.nal.usda.gov/
미국의 후생성: http://www.hhs.gov/

그림 6-2 | 푸드 가이드 피라미드

암이 근접할 수 없도록 하는 「식품 피라미드」

응되는 것이 미국의 농무성과 보건후생부가 공동으로 진행시킨 영양 정책 '푸드 가이드 피라미드' 이다.

1992년에 발표된 '푸드 가이드 피라미드' 에서는 피라미드를 4단계로 나누어 대략 그 양적 관계를 이미지로 전해주고 있다. 5가지 식품그룹(곡류, 야채, 과일, 고기·생선·콩, 유제품)을 1일당 얼마나 섭취하면 좋은지 섭취량의 기준을 나타내고 있는 것이 서빙(Serving, 식품을 담는 단위. 보통 한 그릇의 음식을 가리킴) 수이다. 가령 최하단의 곡류그룹은 1일 6~12서빙을 섭취하도록 권장하고 있다(그림6-2). 이 서빙 수는 하루에 필요한 영양소요량에 따라서 달라지고, 1일 영양소요량은 연령, 성별, 체격, 활동의 정도에 따라 3가지 레벨로 나누어져 있다. 생활활동의 강도가 약간 낮은 사람은 적은 서빙 수를, 활동레벨이 높은 사람은 많은 서빙 수를, 활동강도가 중간인 사람은 중간의 서빙 수를 책정하는 식이다. 저, 중, 고는 각각 1600kcal, 2200kcal, 2800kcal에 해당한다.

그런데 여기서의 1서빙은 접시나 그릇의 종류가 많고 일정한 규격이 없는 식기를 사용하는 일본인으로서는 이해하기 힘든 단위다. 비교해보면, 당뇨병학회가 정한 식품교환표의 1단위와 거의 같은 느낌이다. 당뇨병학회의 1단위는 80kcal니까 20단위면 1600kcal, 25단위면 2000kcal가 된다. 그렇지만 다소 차이는 있다. 미국인의 1일 필요 칼로리로 제시되어 있는 것을 서빙 수로 나누면 1서빙이 100kcal이기 때문이다. 1단위 80kcal와 1서빙 100kcal. 이 미묘한 차이는 어느 쪽이 사용성이 좋은지 식문화의 차이를 감안해서 판단되어야 할 것이다.

세계 10개국으로 확대된 푸드 가이드 피라미드

미국의 식사지도 '푸드 가이드 피라미드'는 1일 권장식품군을 섭취량에 따라 피라미드화한 것으로, 한눈에 영양의 균형 정도를 알 수 있는 장점이 있다. 말하자면, 제3장에서 소개한 곤도 토시코(近藤とし子) 씨가 시작한 '영양 3색 운동'이 발달한 형태다. 이 피라미드는 여기저기 알려지면서 세계 10개국(포르투갈, 영국, 독일, 스웨덴, 필리핀, 한국, 중국, 오스트레일리아, 캐나다, 멕시코)에서 개정판이 만들어졌다(그림6-3).

그런데 미국의 피라미드에서는 서빙 수가 기재되어 있는데 반해, 다른 나라들은 각 식품그룹의 1일 섭취량을 하나의 큰 피자 형태나 접시 형태로 나타내고 있다는 특징이 있다. 가장 많이 섭취했으면 하는 곡류 그룹을 큰 피자 한 조각이나 한 접시로 나타내는 식의 고안을 한 것이다. 그 중에서도 호주판 푸드 가이드는 시각적으로 실제적이라 대체로 그 분량도 파악하기 쉽다. 뿐만 아니라 '물을 많이 먹자'라거나 포테이토 칩이나 과자류의 일러스트에는 '가끔 소량을 섭취하자' 등으로 주의사항을 덧붙인 점이 인상 깊다.

아시아 국가인 한국과 중국의 푸드 가이드는 두 나라 모두 불탑형태로 매우 동양풍일 뿐만 아니라 서빙 수도 나라의 영양사정을 고려해서 다소 변화를 주고 있다.

한편, 필리핀의 '푸드 피라미드'에서는 유제품 그룹을 고기·생선·콩류 그룹에 포함시켜 '조금 적게 먹자' 쪽으로 유도하고 있다. 확실히 서양인에 비하면 동양인의 유제품 섭취량이 적은데, 이 분류도 실용적이다.

세계 각국으로 확대된 미국의 '푸드 가이드 피라미드'는 현재 본국에서는 초등학교에서도 가르치고 있다. 일전에 들른 플로리다주 올랜도에 있는 월트 디즈니 월드테마파크 '에프코트'에서 푸드 가이드 피라미드 모형이 전시되고 있는 것을 본 적이 있다. 그때 그 모형을 바라보고 있던 통통하게 살찐 남자아이를 보면서 영양교육이 여전히 필요하다는 사실을 통감했던 기억이 난다.

연방정부 영양정책의 요점 '미국인의 식사지침'

마크 거번 리포트가 발표된 이후 미국의 식사와 건강에 대한 대처 방식에 감탄했다. 1985년 이래 5년마다 미국의 농무성과 보건후생부는 '식사지침(Dietary Guidelines)'을 공표하고 있다(그림6-4). 그리고 공표만이 아니라 2000년판부터는 얼마나 그것을 확대할 수 있는가 하는 것에도 막대한 에너지를 모으고 있다.

정식명칭이 '건강과 영양— 미국인의 식사지침(Nutrition and Your Health: Dietary Guidelines for Americans)'인 7가지 지침은 연방정부의 영양정책의 기초가 되고 있으며, 심장병이나 암 등의 질병예방도 겸하고 있는, 일본인에게도 적용되는 식생활의 기본이다. 2000년판에서는 다음과 같이 개정되었다.

① 다양한 식품을 섭취하자 | 5가지 주요 식품그룹으로부터 골고루 확실히 서빙 수만큼 섭취할 것을 강조하고 있다.

② 섭취한 음식과 운동 사이에 균형을 취하자 | '성인은 매일 30분,

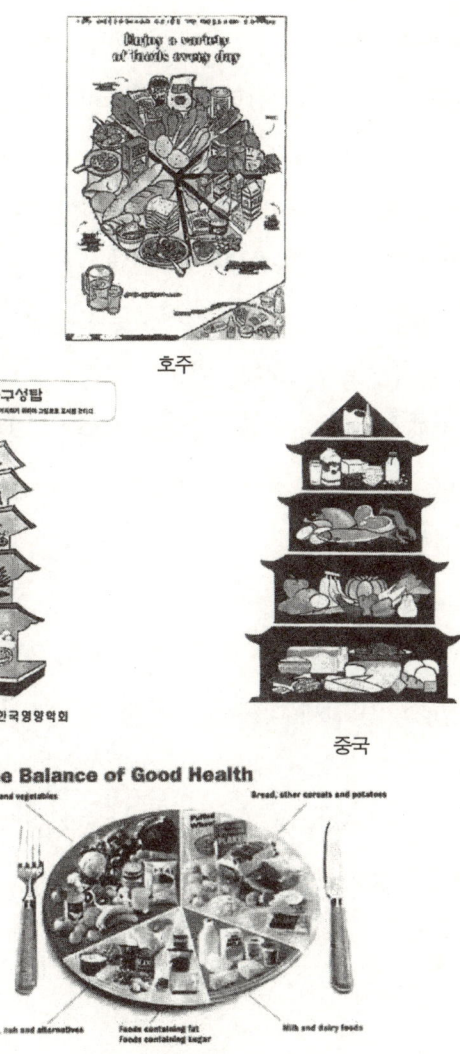

호주

식품구성탑

한국

중국

The Balance of Good Health

영국

그림 6-3 │ **세계 4개국의 푸드 가이드 피라미드**

어린이는 1시간 운동을' 이라는 구체적인 지표가 도입되고 있다.

③ 곡물제품, 야채, 과일이 풍부한 식사를 하자 | 여기서는 특히 전립분이나 통밀, 시리얼을 장려하고 있다. 나아가 '야채, 과일은 매일 먹도록' 이라고도 강조하고 있다.

④ 지방, 포화지방, 콜레스테롤이 적은 식사를 하자 | 여기서는 수치목표로 지방에너지 비율을 30% 이하로 할 것이 명기되어 있다.

⑤ 당분이 적은 식사를 하자 | 소프트 드링크나 케이크, 파이, 디저트, 사탕을 줄이도록 권장하고 있다.

⑥ 식염과 나트륨이 적은 식사를 하자 | '적당량의 소금을' 에서 '요리에 맛을 내기 위한 소금 사용을 줄이자' 라는 강한 표현으로 바뀌고 있다.

⑦ 알코올을 마시는 경우는 적게 마시자 | 이것은 1995년판과 같다.

한편, 음식의 안전에 대해서는 손 씻기나 조리온도를 충분히 높여서 세균에 의한 식중독을 예방하는 것까지 강조하고 있다.

이 배경에는 미국의 경우에 계란이나 고기의 살모넬라균이나 다른 세균에 의한 식중독 건수가 상당히 늘어나고 있는 상황도 한몫을 하고 있다.

제철야채로 암 예방식을 만들 수 있는 일본판 '식품 피라미드'

미국의 '푸드 가이드 피라미드' 를 일본인의 식생활에 맞춰서 더욱

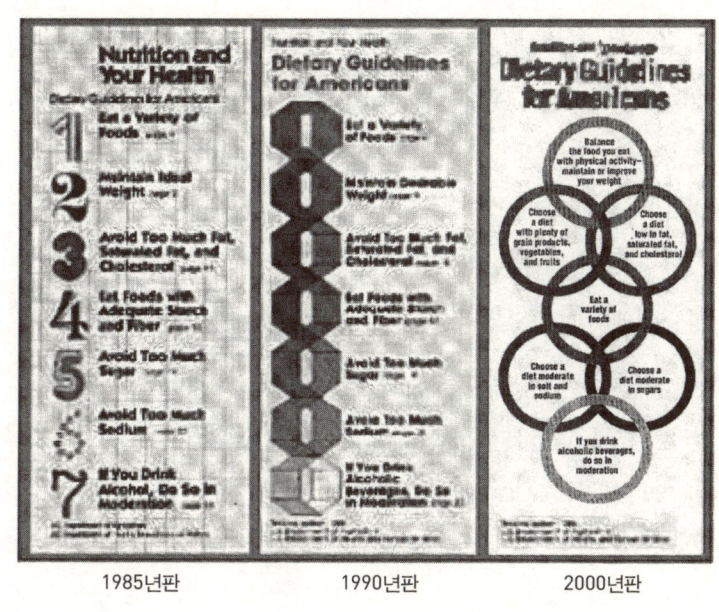

1985년판	1990년판	2000년판

그림 6-4 | 건강과 영양 — 미국인의 식사지침

더 진화시켜 작성한 것이 내가 고안한 '식품 피라미드'다(그림6-5).
미국판과 마찬가지로 피라미드를 4단으로 나누고 있는데, 식품의 양
적 이미지를 중요히 여겨서 '유지와 과자류'를 '된장, 향신료, 허브,
버섯, 해조, 땅콩'으로 바꾸었다.

　미국판에서 '고기 · 생선 · 콩류 그룹'에 포함되어 있는 땅콩류도
매일 그다지 많이 섭취할 필요는 없어 최상단에 배치했다. 그 밑단은
각각 1일에 100g을 섭취했으면 하는 '과일'과 '차 · 유제품 등'으로,

미국판의 '육류'는 이보다 하단으로 이동시켜 분량을 줄였다. 세 번째 단은 계절마다 제철의 다양한 '야채'(1일 350g)와 '고기·생선'(1일 100~200g)으로 하고, 최하단은 '곡류'(1일 400g)로 했다. 세 번째, 네 번째 단이 식품 피라미드를 지지하는 역할로서 식사의 핵심을 이룬다.

최하단의 곡류 중에서는 현미를 추천하고 싶다. 현미식은 포만감을 줄뿐만 아니라, 위장에도 매우 좋다. 만약 현미가 먹기 껄끄럽다면 보리 등의 잡곡을 섞어서 밥을 짓는 것도 추천하고 싶다. 가끔 메밀국수도 괜찮다.

아침에 빵을 섭취하는 사람은 전립소맥이나 통밀빵 등을 추천한다. 오트밀이나 시리얼 등도 밀가루빵이나 파스타류에 비해 암 예방 효과가 높은 식품이다. '곡류로부터의 탄수화물 섭취를 50% 이상으로 하자'는 미국 정부의 장려책도 근본적으로 일본의 식생활에서 배운 지혜다.

이 '식품 피라미드'를 기준으로 식사를 섭취하면 1일당 섭취 에너지량은 1600kcal에서 1800kcal가 된다. 중년 남성이라면 이것으로 충분히 감량효과도 기대할 수 있다.

게다가 '식품 피라미드'에 근거한 암 예방식은 수많은 질병의 예방으로도 이어진다. 암뿐만 아니라 당뇨병, 고혈압이나 심장병, 뇌졸중 등의 생활습관병을 모두 예방할 수 있다.

생활습관병이란 문자 그대로 개인의 평소 생활습관들이 서로 깊이 관련되어 발증하는 만성 질환의 총칭이다. 야채, 과일, 곡류, 해조류 등의 식물성 식품에 포함되어 있는 암 예방물질을 다양하고 풍부하게

섭취하고 지방이 많은 육류를 적게 섭취하는 단순한 식생활이, 비만이
나 동맥경화를 예방하고 나아가서는 암을 포함한 생활습관병 전반을
예방하게 된다.

또한 이 '식품 피라미드'에서는 맛있게 먹을 수 있는 쪽에도 비중
을 두고 있다. 암 예방식이라 해도 미각을 중시한 것이다. 실제로 피라
미드를 식생활에 응용할 때 맛이 없다면 오래 지속하기 힘들다.

일본판 피라미드의 가장 중요한 특징은 야채를 보다 자세히 제철
의 것으로 나누고, 그 종류별로 부기하고 있다는 점이다.

미국처럼 야채는 뭐든 샐러드로 만들거나 익혀먹어서는 야채 본래
의 섬세한 맛도 즐기면서 피토케미컬을 최대한 흡수할 수 없다. 그런
면에서 봤을 때 일본의 맛있는 전통식은 널리 암 예방식으로 응용할
수 있는 것이다.

암이 근접할 수 없도록 하는 「식품 피라미드」

백합류
양파, 파 등

유채류
양배추, 무, 배추
순무, 브로콜리 등

미나리류
당근, 셀러리
참나물 등

가지류
가지, 피망,
토마토 등

국화류
양상추, 우엉,
춘국 등

기타
고구마, 호박 등

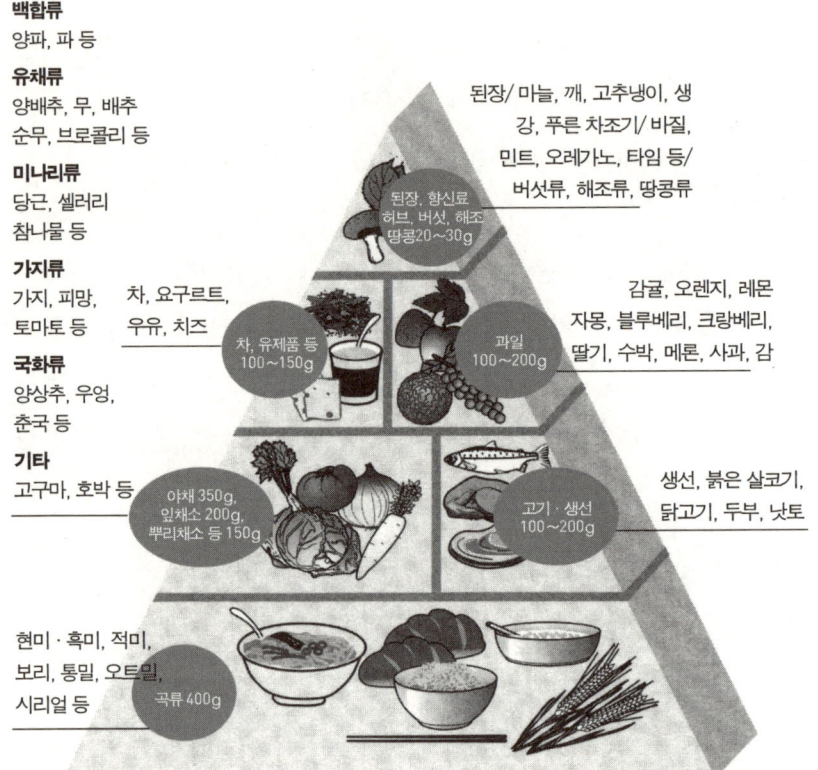

된장/ 마늘, 깨, 고추냉이, 생
강, 푸른 차조기/ 바질,
민트, 오레가노, 타임 등/
버섯류, 해조류, 땅콩류

된장, 향신료
허브, 버섯, 해조류
땅콩20~30g

차, 요구르트,
우유, 치즈

차, 유제품 등
100~150g

과일
100~200g

감귤, 오렌지, 레몬
자몽, 블루베리, 크랑베리
딸기, 수박, 메론, 사과, 감

야채 350g,
잎채소 200g,
뿌리채소 등 150g

고기 · 생선
100~200g

생선, 붉은 살코기,
닭고기, 두부, 낫토

현미 · 흑미, 적미,
보리, 통밀, 오트밀,
시리얼 등

곡류 400g

그림 6-5 │ 일본판 '식품 피라미드'

식사로 암을 예방한다

7장

암을 모르는 생활

21세기 암 예방의 마음가짐인 '삶의 보람과 채식, 운동, 암을 모르는 생활'은 결국 개개인의 마음가짐, 삶의 방식 등이 암을 근접하지 못하게 하는 라이프스타일로 인도해 준다는 뜻이다.

21세기의 암 예방을 위한 키워드

'삶의 보람과 채식, 운동, 암을 모르는 생활'은 내가 생각하는 21세기의 암 예방을 위한 키워드다. 암 대책의 유명한 모토인 '금연, 채식, 암을 모르는 생활'을 제창한 것은 국립암센터의 초대역학부장 히라야마 타케시다. 1980년경 당시 일본 성인 남성의 흡연율은 80%로 매우 높았던 터라 암 예방의 우선순위 첫 번째가 금연이었던 것은 당연한 일이었다. 그리고 20년 이상이 지난 현재, 흡연은 건강을 손상시키는 주범으로 여겨지고 있으며 흡연자라도 공공장소에서는 담배를 피우지 않는 것이 당연한 풍조가 되고 있다.

그래서 21세기의 암 예방 키워드에서는 너무나 당연한 '금연' 항목을 삭제했다. 하지만 여전히 줄기차게 담배를 피우는 사람도 있는 만큼 담배의 해로움은 아무리 강조해도 지나치지 않은 일인 것만은 분명하다. 마지막 장에서는 애연가였던 내가 담배의 악영향을 직접 체험하고 담배를 끊은 과정과 당뇨병에 걸린 후부터 시작한 운동의 효과에 대해서 이야기하고자 한다.

나는 현재 생명의 존엄을 중요시하는 생명과학진흥회 이사장직을 맡고 있다. 이 직책을 맡고부터 나는 과학과 철학의 균형만이 아니라 마음이나 종교, 생로병사에 대해서도 깊이 생각하게 되었다. 그래서 본 장의 마지막에서는 인생에 있어서의 '삶의 보람'과 '죽음'에 대해서도 고찰해보고자 한다.

담배의 해로움

파이프로 담배를 피우던 내가 깨끗이 금연한 것은 심장이 가끔 아파서가 아니다. 병리학에서 역학으로 전환해 담배에 대한 공부를 시작하면서 담배의 백해무익함은 물론, 이것만큼 암의 위험요인이 되는 것도 없음을 통감했기 때문이다.

담배의 해로움은 흡연이 유행하던 무렵부터 이미 밝혀졌다. 에도 시대 중기에 가이바라 에키겐(貝原益軒, 에도 시대 전기의 유학자)이 『양생훈(養生訓)』에서 다음과 같이 지적하고 있다. "담배는 독성이 있다. 연기를 마시면 현기증을 일으켜 쓰러지게 된다. 담배를 배우면 크게 해가 되고 조금 피우면 이익이지만, 양쪽 모두 역시 손해가 많다. 담배를 피우는 것은 병을 만드는 일이다. (중략)처음부터 피우지 않는 게 좋다. 빈민은 돈도 많이 든다."

가이바라 에키겐이 독성이 있다고 설파한 대로 가지과 담배잎을 가공한 담배는 유독하다. 가장 효과 높은 천연농약은 담배를 물에 풀어 갈색으로 변색시킨 액체일 것이다. 이 원액을 희석해서 분무기에 넣고 꽃이나 풀에 뿌리면 어떤 벌레도 즉시 죽어버릴 정도다.

담배의 3대 유해성분

담배에는 4000종류 이상이나 되는 유해물질이 포함되어 있다. 그 중 타르에 포함되어 있는 벤츠피렌 등의 발암물질은 200종류 이상이나 된다. 담배의 3대 유해성분으로는, 암을 일으키는 타르 성분에 더해서 혈관수축이나 담배의존증을 일으키는 니코틴, 조직의 산소결핍을 야기시키는 일산화탄소가 있다.

니코틴은 흡연자를 니코틴 중독으로만 만드는 것이 아니다. 혈관을 수축시켜 혈액의 흐름을 나쁘게 해 동맥경화를 촉진시키기 때문에 손, 발끝이 괴사해 잘라내야 하는 버거씨병(폐쇄성 동맥염)을 일으키기도 한다.

담배의 연기에 포함되어 있는 일산화탄소는 적혈구 안의 헤모글로빈과 결합하면 메토헤모글로빈이라고 해서 산소와 결합할 수 없는 헤모글로빈이 된다. 그래서 담배를 계속 피우면 산소를 운반할 수 없는 적혈구가 점차 증가해 전신이 산소결핍 상태가 된다. 순식간에 늘어나기 때문에 600만, 700만 개로 증가하는 경우도 드물지 않다. 빈혈도 없이 건강했던 몸 안으로 어느새 점차 사용하지 못하는 적혈구만 늘어가는 것이다. 한편, 적혈구가 많아지면 혈액이 농후해질 뿐만 아니라 니코틴의 혈관수축작용이 가속화되면서 혈관이 막히기 쉬워져 심근경색의 위험성이 늘어난다. 또한 담배에 의한 산소결핍상태는 잇몸에도 영향을 미쳐 세균이 늘어나기 쉬운 상태로 만들기 때문에 치석이 생기기 쉽고 괴사성 잇몸염도 일으킨다. 이렇게 되면 이가 일찍 빠져버린다.

뿐만 아니라 오랜 흡연은 체력의 저하를 몸으로 느끼게 만든다. 계단을 뛰어올라가면 가슴이 두근거리고 숨쉬기가 힘들어진다. 흡연자의 폐를 보면 타르가 쌓여서 검게 변해 있음은 물론, 선유화(線維化)되어 폐가 단단해져 있다.

반면, 담배를 피우지 않는 사람의 폐는 부드러운 스펀지 같아서 펼치면 산소를 교환하는 폐포면적(肺胞面積)이 실제로 테니스코트 정도의 크기를 하고 있다. 그것이 담배를 계속 피움으로 인해 점차 폐의 구조가 붕괴되면서 폐포면적이 테니스 코트 크기에서 점점 크기가 줄어드는 것이다. 흡연자들은 쓰다가 낡아서 해진 수세미 모양처럼 폐가 망가져서 숨이 가빠진다.

평생 담배를 계속 피우면 폐암에 걸릴 위험성은 20% 정도다. 이에 반해 호흡곤란 등이 발생하게 되는 폐기종은 많든 적든 100%의 흡연자가 다 걸린다. 그 중에서도 1초에 폐 안의 공기를 얼마만큼 배출할 수 있는가 하는 1초율은 정상이라면 99%나 100%지만, 담배를 피우기 시작하면 80% 이하로 떨어진다. 한편, 폐포 내에 계속 남아있는 담배연기는 일산화탄소의 농도가 높아 흡연자는 결국 24시간 담배연기를 마시게 되는데, 이것은 심폐기능의 저하로 이어진다. 그렇기 때문에 일류 운동선수이면서 흡연자인 사람은 한 사람도 없는 것이다.

골초의 폐암 위험은 비흡연자의 20배

담배 옹호파는 '일본의 흡연율이 높은 데 비해 폐암은 적다'고 주장한다. 확실히 제2차 세계대전 후에 10년 정도 담배가 부족한 시대가 있었기 때문에 일본인의 폐암은 억제되었다. 그러나 흡연자가 상승하기 시작한 1955년대를 기점으로 하여 20년이 더 흐른 시점에서부터는 확연히 폐암이 증가했다. 발암이 되기까지는 계단 형태로 유전자 변화가 계속 중첩될 필요가 있는데, 그러기 위해서는 20년에서 30년이 걸린다는 설과 딱 일치하는 양상이다.

담배가 여러 암의 원인이 된다는 것은 지금까지의 동물실험이나 역학연구에 의해 확인된 만큼 이제는 의문의 여지가 없는 사실이다.

흡연이 야기하는 암은 직접 담배가 닿는 부위인 구강·인두암, 수액에 녹아드는 발암물질이 영향을 끼치는 식도암·위암, 체내에 흡수된 발암물질이 영향을 미치는 췌장암·간암, 배설과정에서 영향이 발생하는 방광암·자궁암까지 다양하다. 흡연자의 위험은 어느 암이나 비흡연자의 몇 배 이상이지만, 특히 폐암은 비흡연자에 비해서 10배 정도, 1일 40개비 이상 피우는 골초의 경우 20배나 되는 위험성이 있다. 더욱이 흡연자의 폐암은 악성도가 보다 높은 암이 된다는 것도 이미 알려진 사실이다.

사망률이 저하되고 있는 위암 중에서도 위의 상부에 위치하며 식도에서 위로 가는 입구에 해당하는 분문부(噴門部)의 암은 흡연습관과의 관련성이 깊어 지금까지 수 %대의 수술사망 기록이 있다. 개흉과 개복을 동시에 실행해서 식도의 말단과 위의 상부를 절제한 후 잇는 어려운 수술인 만큼 봉합부전을 일으키기 쉽기 때문이다.

또한 담배의 타르성분에는 발암물질만이 아니라 프로모터(촉진) 성분도 많다. 그래서 바이러스성 간암의 경우에서도 담배는 발암의 위험요인이 된다.

여성은 담배로 인해 10년이나 더 늙는다

담배가 건강에 미치는 해로움은 그 외에도 많다. 전신 산소결핍과 체력저하를 가져오기 때문에 스포츠에 있어서 큰 적이다. 그리고 여성의 경우는 미용의 큰 적이다. '실제보다 10세 더 노화한 피부 주름' 은 과장이 아니다. 산소결핍 상태에 더해서 발암물질이 피부의 세포와 결합하기 때문에 실제로 피부의 탄력성이 상실되는 것이다.

영국의 BBC 방송에서 케리와 커스티라는 22세 쌍둥이자매를 대상으로 담배로 인한 노화의 결과를 보여준 적이 있다. 커스티가 담배를 계속 피운 경우, 40세에는 어떤 모습이 되어 있을까를 짐작해본 것이다. 특수 메이크업으로 변신한 그녀는 아무리 봐도 50세 이상으로밖에 생각되지 않았다. 자연스럽게 제 나이대로 늙은 케리보다 훨씬 더 늙은 모습이었다. '흡연에 의한 주름'이 그녀를 10세나 더 노화하게 만든 것이다.

나는 이 에피소드를 치요다구(千代田區) 보건소에서 개최한 강연에서 이야기한 적이 있다. 이야기를 끝낸 뒤 '마지막으로 질문은 없습니까?'라고 하자, 80세 정도의 할머니가 일어나서 이렇게 말했다. "저는 오랫동안 요정을 운영해왔는데, 최근 이렇게 얼굴이 주름투성이가 되어버려서 말이죠. 그런데 오늘 이야기로 확실히 알았네요. 담배가 나빴던 거군요." 강연회장에 순간 와하하 웃음소리가 퍼졌다.

2003년 일본의 담배산업(JT) 조사에 따르면, 30대 여성의 흡연율이 20.9%(전년대비 0.6포인트 증가)로 성인여성 중에서 가장 높게 나타났다. 걱정되는 일이 아닐 수 없다. 담배는 세련된 액세서리는커녕, 주름을 늘리는 원흉이자 강한 항에스트로겐 작용으로 갱년기를 빨리 앞당기는 촉매자임을 확실히 인식했으면 한다.

한편, 여성에게 있어서 생식에 미치는 악영향을 간과할 수 없다. 여성은 태어날 때 난소에 2만 개 정도의 난자를 갖고 태어나는데, 이것은 이후 결코 늘어나지 않는다. 사춘기를 맞이하면 호르몬의 작용으로 난자가 성숙하여 한달에 한 번씩 난자가 난소로부터 방출되어 난관에 들어가는데, 이 난자가 수정하면 임신이 일어나는 것이다. 그런데 담배의 발암물질은 수정란의 DNA에도 상처를 줘 태아가 산소결핍상태가 되기 때문에 저체중아나 기형아를 낳게 될 위험성을 높인다.

마찬가지로 정자가 만들어지는 고환의 배아세포에도 담배의 악영향이 미치면 성기능의 저하, 정자의 성숙부전, 기형정자가 늘어난다. 최근 불임으로 고민하는 부부가 많아진 것도 흡연이 한 원인이 되고 있다고 할 수 있다.

흡연율을 높이는 행정부의 세력싸움

일본 담배산업(JT)의 조사에 따르면, 2003년 흡연남성은 전년대비 0.8포인트 감소한 48.3%, 여성은 전년대비 0.4포인트 감소한 13.6%로 나타났다. 남녀 모두를 합친 성인 흡연자 비율은 30.3%로 8년 연속 과거대비 최저를 갱신하고 있다. 그러나 흡연율이 저하되고 있다고는 해도 가장 높은 흡연율을 나타낸 30대 남녀의 경우는 각각 59.9%, 20.9%,로 선진국 중에서는 눈에 띄게 높다. 북유럽이나 미국에서는 1960년대부터 국가적인 흡연대책이 취해져 흡연자의 비율이 감소하면서 30% 이하에 머물고 있기 때문이다. 미국의 건강증진계획 '헬씨 피플 2000'의 흡연율의 목표는 15%다. 더욱이 JT의 조사에서는 20세 이하의 데이터가 없는 점이 문제다. 국립공중위생원의 미노와 마스미 등이 실행한 조사에 따르면, 중학생과 고등학생의 흡연율이 점차 증가하고 있다.

일본의 높은 흡연율에는 담배회사와 의사회, 행정부의 태만이 깊이 관련되어 있다. 일본전매공사 시절, 캄보디아에서 보았던 수출용 담배에는 '흡연은 폐암이나 심근경색을 일으킨다'와 같은 경고문이 포장에 인쇄되어 있었다. 그러나 국내에서는 담배의 해로움에 대한 정보공개를 일체 하지 않았다. 그 결과, 니코틴 의존증에 걸린 사람들을 양산하고 만 셈이다. 일본의사회 역시 흡연에 관해서는 한 걸음 물러나 있다가 최근에서야 금연운동에 뛰어들었다. 아마도 과거에는 의사 중에서도 흡연자가 많았기 때문일 것이다. 마약환자에게 마약관리법을 만들게 하는 것과 같은 이치니 잘될 리가 없다. 하지만 건강정보를 가장 쉽고 정확하게 입수할 수 있는 의사의 흡연율이 가장 먼저 감소해 현재는 일반인의 절반 가량이 되었다.

행정 쪽에 이르러서는 구(舊) 후생성과 담배사업법을 관할하는 구(舊) 대장성이 '담배는 해가 된다', '해가 안된다, 기호품이다'라는 공방을 줄기차게 20년이나 계속해왔다. 덕분에 지금도 일본은 폐암이 증가하고 있고, 사망률도 이환율도 세계 1위로 비약하려 하고 있다.

나는 국립암센터에 있었을 때, 담배와 관련한 경제문제가 해결되지 않으면 정부 대책도 진행되지 못할 것이라는 생각을 했었다. 다행히 현 법정(法政) 대학 교수인 고토 키미히코(後藤公彦)가 담배경제에 대해 분석해 주었다.

1995년 시점에서 담배세수 2조 엔, 담배회사의 수입 등으로 6000억 엔, 기타 관련업계의 수입으로 2000억 엔 등 합산하여 수입은 대략 2조 8000억 엔 정도였다. 그렇지만 지출이나 담배 관련 의료비가 3조 5000억 엔, 담배로 죽는 사람을 10만 명으로 어림잡아 그 사람들의 소득상실분이 약 2조 엔, 기타를 합치면 지출이 대략 5조 6000억 엔을 상회하게 되었다.

그래서 대장성(우리나라의 재경부와 같은 일본정부기관)의 담배·소금 대책 사업실 실장에게 이 점을 알려주기로 했다. 그런데 그 관료의 태도는 '의료비 등, 그런 타 부서야 어떻게 되든 상관없다. 우리 부서 예산만 늘어나면 그게 관료로서 성공한 거다'라는 식이었다. 흡연에 의한 국민의 암 사망 등은 안중에도 없고, 관료는 기득권을 지키면 된다는 태도였다.

나는 WHO의 컨설턴트로서 중국이나 캄보디아의 담배대책을 현지 관료 등과 함께 입안해왔다. 일반적으로 담배세수가 10% 이상일 때는 어느 나라나 담배대책에 관여하려 하지 않다가 2~3%가 되면 생각하기 시작하고, 그 이하가 되면 엄격한 담배대책을 취하게 된다. 가장 나쁜 것은 미국처럼 '수출은 OK, 국내에서는 금연'이란 식으로 정책을 펴는 나라다. 하지만 그것이 민주국가일지도 모르겠다.

금연 캠페인에 힘썼던 존 웨인

행정부의 담배대책이 소극적인 것도 JT 주식의 2/3를 국가가 보유하고 있는 상황과 무관하지 않을 것이다. 국가와 JT를 상대로 담배가 원인이 되어 폐암에 걸린 환자 등이 낸 '담배로 인한 질병 소송'에 대해서 동경지방재판소는 2003년 10월 '니코틴의 의존성은 약해 의지나 노력 여하에 따라서 금연할 수 있다'며 사실과 동떨어진 결론을 내리고 원고의 소송을 기각했다. 판결 전에 어떤 이유에선지 판사가 흡연자로 교체된 묘한 재판이었다.

하지만 손해배상을 면했더라도 일본의 담배행정은 금연 바람이 불고 있는 세계의 풍조로부터 벗어날 수는 없었다. 마침내 재무성은 2005년부터 담배의 겉포장에 '흡연자는 폐암으로 사망할 위험성이 비흡연자의 2~4배' 등의 문장을 인쇄하기로 한 것이다.

서구의 경우는 'Smoking Kills(흡연은 사람을 해친다)'라는 확실한 경고문을 기재하고 있다. 특히 미국에서는 TV CF를 이용한 캠페인도 일찍부터 시작하였는데, 미국에서 널리 사용된 포스터에서 '밥, 실은 암이야'라며 고백하고 있는 카우보이는 영화배우 존 웨인이다. 존 웨인은 대단한 애연가로, 폐암 등 5가지 암에 걸린 후 솔선해서 금연운동에 나섰던 것이다.

니코틴 의존자의 금연방법

담배의 발암물질은 흡연자만이 아니라 가족이나 직장 동료의 건강도 해친다. 흡연으로 발생하는 강력한 발암물질인 니트로사민 등은 본인이 들이마시는 직접연기보다 간접연기 쪽에 몇십 배나 더 많이 포함되어 있는데, 이것을 결국 가까이에 있는 타인이 마시고 마는 것이다.

이런 간접흡연으로 폐암에 걸릴 위험은 1.5배나 된다. 이를 방지하기 위해서 2003년 5월에 시행된 건강증진법에서는 '흡연장소를 설치했다면 그 연기가 외부에 누출되지 않도록 할 것' 이라고 규정하고 있다. 흡연자와 비흡연자를 구분하는 실효성 있는 대책이다.

내 경험상 가장 빠른 금연방법은 본인이 자각해서 금연하는 것으로, 담배의 개피 수를 서서히 줄여가기보다 단번에 담배를 끊는 편이 미련이 남지 않고 성공하기 쉬운 것 같다.

단, 니코틴 의존증에 빠져 있는 사람은 혈중의 니코틴 농도가 일정하게 유지되지 않으면 담배가 피우고 싶어 참지 못할 수 있다. 또한 조금이라도 니코틴의 양을 줄이려고 순한 담배로 교체하면 일정 농도의 니코틴이 필요해서 피우는 양을 늘려야만 만족할 수 있게 된다.

하지만 필터가 달린 저니코틴 담배라도 일산화탄소는 제거할 수 없다. 피운 개피 수 전부에 비례해서 그대로 폐로 흡수되고, 산소결핍 상태가 점차 심해지기 때문에 심근경색의 위험성은 오히려 높아지고 만다. 따라서 아무래도 담배를 끊을 수 없는 사람에게는 피우는 개피 수가 늘어나게 되는 필터 달린 가벼운 담배보다 필터가 달려 있지 않은 궐련을 피우라고 하는 것이 더 낫다.

니코틴 의존증이 있는 사람을 대상으로 해서 미국 회사가 개발한 것으로, 니코틴이 함유된 껌 '니코레트' 가 있다. 이것을 복용하면 혈중의 니코틴 농도가 어느 정도 유지될 수 있기 때문에 담배를 끊을 수 있다는 것이 선전문구다. 하지만 WHO는 니코레트를 전적으로 장려하지는 않는다. 가장 큰 이유는 니코레트를 씹으면서 다시 담배를 피워버리는 사람이 있기 때문인데, 실제로 심근경색을 일으켜 사망한 사람이 수 명 나타났다. 그러고 보면 엄격한 관리하에서 본인의 의지가 투철하지 않은 한, 니코틴껌으로 흡연을 통제하기란 힘들 것 같다.

한편, 약국에서 살 수 있는 니코레트 외에 의사의 처방전이 필요한, 피부에 붙이는 타입의 니코틴 패치도 있다. 만약 니코틴 껌이나 니코틴 패치로도 금연에 성공하지 못한 경우에는 금연 클리닉을 설치하고 있는 병원을 방문하거나 인터넷으로 금연 마라톤에 참가해보자. 전자의 경우에는 건강보험이 적용되지 않지만, 평생 들 담배값에 비하면 훨씬 쌀 것이다.

금연은 실행이 빠르면 빠를수록 효과가 있다. 흡연을 그만둔 시점부터 암으로의 진행을 저지시킬 수 있기 때문이다. 실제로 금연한 시점에서부터 폐암의 위험성 증가는 비흡연자의 사망률과 똑같은 기울기가 된다.

허리에 부담이 가지 않는 '남바 걷기'

의사로부터 운동하라는 말을 들은 사람은 많을 것이다. 비만대책의 으뜸은 운동이다. 식사를 줄여서 살이 빠지면 지방과 함께 근육이 감소한다. 특히 젊은 여성들이 자주 시도하는, 식사를 줄여 살을 빼는

암을 모르는 생활

다이어트 방법은 절대 추천하고 싶지 않다. 식욕을 못 참고 맹렬히 먹어 체중이 되돌아왔을 때는 지방이 더 두꺼워지기 때문이다. 그리고 이런 식의 다이어트가 반복되면 지방과 함께 근육이 줄어드는 악순환이 이어지면서 점차 탄력 없는 살이 될 뿐이다.

운동과 암의 관계에 대해서 말할 때 대표적인 예로 들 수 있는 암이 관리직들의 병이라고도 불리는 대장암이다. 회사 중역이 되어 항상 차만 타고 다니다 보면 대부분 운동을 하지 않게 되는데, 그로 인해 비만과 함께 변비에 걸리기 쉬워지고 대장암의 위험성이 높아지는 것이다. 그 외의 암도 마찬가지다. 면역이나 호르몬의 미묘한 통제를 받고 있는 만큼 적정 체중의 유지와 정기적인 운동으로 예방효과를 올릴 수 있다.

운동에는 걷는 것도 포함된다. 후생노동성의 조사에 따르면, 일본인의 1일 평균 보행수는 약 7400보라고 한다. 이에 대해 국가의 건강증진운동인 '건강일본 21'에서는 앞으로 1000보 더, 시간은 약 10분을 더 늘리도록 권장하고 있다. 그를 위해서는 걷기가 가장 간편한데, 내가 최근 시작한 '남바 걷기(오른발이 나갈 때 오른손이 나가고 왼발이 나갈 때 왼손이 따라가는 형태의 걸음걸이)'를 소개해본다.

남바 걷기란, 같은 쪽 손발을 동시에 내면서 걷는 것으로, 허리를 비트는 데 따른 근육피로를 억제할 수 있어서 요통이 완화되고 보폭이 넓어져 빨리 걸을 수 있다. 남바 걷기를 하기 시작한 사람들은 미국 인디언과 일본인으로, 특히 일본인은 메이지 시대에 들어서 학교나 군대에서의 군사교련에서 현재의 서양식 걷기를 배우기 전까지 실은 모두 남바 걷기를 했었다. 침팬지가 걷는 것을 보면 역시 남바 걷기인

식사로 암을 예방한다

데, 자연의 동작임을 알려주는 증거라 할 수 있다.

최근 화제가 되기 시작한 것은 2003년 파리에서 개최된 육상 세계 선수권 200m에서 일본인으로 첫 동메달을 획득한 스에츠구 싱고 선수에게 다카노 스스무(高野進) 코치가 남바 주법을 지도한 데서 비롯되었다. 남바 걷기는 익숙해지면 매우 편하다. 의대생 시절에 산악부에서 무거운 짐을 짊어졌던 관계로 요통이 있었는데, 남바 걷기로 바꾸었더니 정말 허리에 부담이 없었다. 허리를 곧게 세운 상태로 기세 좋게 팔을 흔들며 걸어도 좋고, 무리하지 않으면서 슬슬 가볍게 걸어도 좋다.

운동의 효과

내가 운동을 적극적으로 도입하게 된 것은 암센터에 있을 때 당뇨병에 걸린 이후의 일이다. 고혈당 극복을 위해서 1년간 엄격한 식사요법과 주 3회 이상 수영을 하는 정기적인 운동을 시작했다. 그 결과, 1년 동안 13kg의 체중을 줄였고 헤모글로빈 AIC는 12.8%에서 5.9%로 내려갔다. 그리고 10년이 지난 지금, 여전히 약 없이 조절하고 있다. 식사 역시 1600kcal를 지켰더니 고지혈증, 좋지 않았던 간(肝)기능까지 모두 정상으로 돌아왔다. 덕분에 식사와 건강의 관계에 관심이 깊어져 동경농대의 영양학 교수가 되었다. 이것이 식품과의 만남의 시작이었다.

동경농대는 세타가야(世田谷)의 마사공원 앞에 있다. 근처에는 메이지 공신인 야마가타 아리토모의 유적인 키누타 공원도 있다. 키누타 공원 안에는 한 바퀴가 1.6km 정도 되는 어린이용 사이클링 코스가 있는데, 이곳에서 조깅하는 사람들이 많다. 나는 학생들과 키누타 공원을 달리는 동안 점점 장거리를 달릴 수 있게 되어 호놀룰루 마라톤에도 매년 참가하게 되었다.

한편, 호기심에 이끌려 다른 여러 가지 운동도 시도해왔다. 트라이애슬론의 로드레이스도 그 하나다. 일본은 안전하게 달릴 수 있는 사이클링 도로가 없기 때문에 다마가와의 제방을 경유하여 집에서 대학까지 왕복 50km 정도를 로드레이스용 자전거로 가끔 다니고 있다. 로드레이스에서는 선두그룹보다 거의 2배나 더 시간이 걸리지만, 골인 지점에 도착했을 때의 성취감은 힘들게 산 정상에 올랐을 때의 희열과 똑같다.

학생들과는 운동량과 혈당의 변화를 연구하기도 하고, 아미노산이나 펩티드, 콘드로이틴황산과 같은 영양보조식품을 실험한 일도 있다. 좀 과장하자면 스스로 몸을 부딪치는 실증적인 인생을 보내고 있다고나 할까.

건강에 대한 새로운 정의

21세기의 암 예방 모토 '삶의 보람과 채식, 운동, 암을 모르는 생활'의 첫머리에 거론한 '삶의 보람'은, WHO(세계보건기구)의 건강에 대한 새로운 정의로서 호응을 얻고 있다. 그때까지의 WHO의 정의에서는, 인간이 건강하다는 것은 '육체적, 정신적, 사회적으로 건강한 상태' 였다. 이것에 2∼3년 전 덧붙여진 것이 '영적(Spiritual)인 건강함' 이다. 영적 건강을 '삶의 보람' 이라고 표현했지만, 돈을 모으거나 출세를 하는 식의 단순한 '삶의 보람' 과는 차이가 있다.

영어에서 말하는 'Spiritual' 란 원래 '영적(靈的)' 이란 뜻으로, 신이 제시하는 윤리규범에 따른 삶의 방식이란 뉘앙스가 있다. 요컨대, 인간으로서 정신적으로 보다 숭고한 것을 추구한다는 의미일 것이다. 유럽에는 요정이 등장하는 전설이나 이야기가 많은데, 여기서 요정, 또는 정령을 'Sprites' 라고 지칭한다. 이러한 요정이나 정령은 그리스 신화에도 항상 등장해왔다.

일본인은 죠몽(繩文, 일본의 신석기 시대[BC 4세기 이전]) 시대부터 초목에도 무수하게 많은 신이 머물고 있다고 생각해왔기 때문에 유일신을 믿는 기독교 신자보다는 자연계에 있는 정령을 더욱 감각적으로 받아들일 수 있다.

그러므로 '영적(Spritual)인 건강' 이란 말은, '대자연의 은혜 속에 매일매일 '생명' 을 받아 살아가고 있는 것에 감사하면서 조금이라도 세상 사람들에게 도움이 되고 싶다' 는 것으로 해석할 수 있다.

그래서 요점은, 애써 받은 생명으로 보다 완벽하게 살기 위해서는 후생노동성이 건강증진의 기본으로 삼은 영양·운동·휴양을 추구하는 것만으로는 불충분하다는 것이다. 인생의 목적을 갖고서 사회 속에서 성실히 살아갈 때 비로소 인간은 만족감을 얻을 수 있다는 이야기이다.

100세까지 살다가 갑자기 죽자

대학에서 공중영양학 외에 생명윤리를 가르치면서 '100세까지 살다가 갑자기 죽자'를 하나의 테마로 삼고 있다. 이 캐치프레이즈는 후생노동성이 건강정책 보고서 등에서 사용하기 시작한 용어 '건강수명(健康壽命)'을 구체화한 것이다. 후생노동성의 견해에서의 '건강수명'은 '치매나 자리보전하지 않은 상태로 생활할 수 있는 기간'으로, 요컨대 '자리보전하게 되기 전까지의 년수(年數)'를 의미한다. 스스로 자신의 생활을 통제하지 못해 간호가 필요한, 다시 말해 자리보전하는 상태가 되기 전의 기간이 길면 길수록 '100세까지 살다가 갑자기 죽자'를 실현시킬 수 있는 것이다.

'100세까지 살다가 갑자기 죽자'보다 영향력이 더 큰 말로, 나가노현의 금연운동 단체가 내놓은 '생생하게 살다가 덜컥 죽자'라는 표어가 있다. 이 말은 고령이 되어서도 자립생활을 하고, 다소 지병이 있어도 원기왕성하게 살다가 죽을 때는 갑자기 죽음으로써 자리보전할 틈도 없는 삶을 살자는 이야기이다.

병리쪽 일을 할 때, 100세까지 산 사람의 해부의 예를 모아본 적이 있다. 확실히 모두 갑작스런 사망에 가까운 상태였다. 개중에는 암이 있는 사람도 있었지만, 어느 것이나 작았고 잠재암의 상태였다. 최근에는 수명에도 유전자가 관계되어 있다거나 염색체의 텔로미어(Telomere, 염색체 말단에 있는 소립자)라는 부분의 길이와 관련이 있을 것이라는 설도 나오고 있다. 확실히 '장수가계'라 일컬어지는 가계도 존재하고, 단명(短命)하는 유전병도 확인되고 있다. 어찌 됐든 한번뿐인 인생, 죽을 때까지 건강하게 살았으면 하는 것은 모든 사람들의 바램일 것이다.

마음가짐이 삶을 좌우한다

재미있게도 '생생하게 살다가 덜컥 죽자' 또는 '100세까지 살다가 갑자기 죽자' 라고 바라는 사람은 전혀 그렇게 생각하지 않는 사람에 비해 자신의 바람대로 사망할 확률이 높다고 한다. '생생하게 살다 덜컥 죽자' 설은 최근에 의학전문지 『란셋』에 게재된 논문의 요지이기도 하다.

인간의 몸과 마음의 관계는 모두 해명되고 있지는 못하다. 병을 심신 양면에서 파악하여 진찰하는 의학인 심신의학이 탄생한 지 아직 30년도 지나지 않았기 때문이다. 하지만 심신증(心身症, 편집자 주 : 심리적 인자가 중요한 구실을 하는 신체적 질환의 총칭)에서 볼 수 있듯이 인간의 몸과 마음은 아주 밀접한 관계에 있는 것만은 분명하다.

우리들 현대인은 '마음'을 대뇌변록계의 '의식(意識)'의 표현으로 생각하기 쉽다. 그러나 대뇌변록계의 '의식' 밑에는 정동을 지배하는 중추, 자율신경의 중핵인 시상하부에 대응하는 '의식하(意識下)'가 있고, 나아가 '의식하'의 밑에는 본능이나 본능적 생존과 가장 관련 있는, '생명을 유지하는' 뇌간(腦幹)이 있다. 그리고 이들 3가지는 모두 '마음'이라는 키워드로 연결되어 있다. 긍정적으로 생각하고 명랑하게 매일매일을 사는 사람의 경우, 정동과 관계되는 자율신경—내분비계 기능의 작용이 좋아진다. 그리고 신경내분비과립이나 암세포를 죽이는 작용이 있는 다양한 사이트카인이 생성되어 전신에 바람직한 영향을 미친다. 자주 웃는 사람이 세포성 면역이나 암 면역을 담당하는 NK(Natural Killer)활성이 높은 것처럼 면역계도 정동에 연동한다.

　이처럼 마음가짐에 따라서 이른바 '건강수명'의 증감이 이루어진 다면, '살아 있을 수 있는 한 열심히 살고, 죽을 때는 갑자기 죽고 싶 다'는 바람이 주어진 생명을 좌우하는 핵심이 될 수도 있다는 얘기다.

　21세기 암 예방의 마음가짐인 '삶의 보람과 채식, 운동, 암을 모르 는 생활'은 결국 개개인의 마음가짐, 삶의 방식 등이 암을 근접하지 못하게 하는 라이프스타일로 인도해 준다는 뜻이다.

터미널 케어와 재택사

　지금까지 한 이야기의 핵심은 결국 어떻게 하면 건강하게 장수하 며 살아갈 수 있느냐 하는 것이다. 그러나 인간의 수명은 영원하지 않 다. 죽음을 어떻게 맞을 것인가 하는 것도 중요한 일인 것이다. 암에 걸리는 사람은 연간 60만 명, 암으로 죽는 인구가 30만 명에 이르는 만큼 유감스럽게도 현재 상황에서는 50%의 사람이 암으로 사망하고 있다. 암 환자의 직접사인은 다양해서 암이 체내로 전이해 사망하게 되는 경우도 있고, 항암제 등으로 인해서 면역력이 떨어져 폐렴 등의 감염증으로 죽는 경우도 있다. 암으로 사망하는 경우, 비교적 죽는 시 기를 예측하기 쉬운 만큼 터미널 케어(Terminal Care, 말기 암환자 등 치유

가능성이 없는 환자들을 돌보는 것)가 매우 중요하다. '죽음'은 자신만의 것이 아니라 가족이나 주위사람과 공유하는 것이기 때문이다.

끝으로, 종말기에 죽음을 맞는 경우를 생각해보고자 한다. 최근에 '병원에서의 죽음은 스파게티 증후군이 가리키듯이 튜브를 체내에 여기저기 끼운 상태로 의식도 없는 채 얼마간 살다가 죽는 일이다'라는 보도가 방송되면서 존엄사를 희망하는 움직임이 확대되었다.

존엄사와 밀접한 관계가 있는 것이 재택사이다. 많은 조사에서 80% 이상의 사람들이 자신이 불치병에 걸렸다면, 살면서 익숙해진 자택에서 마지막으로 가족의 손을 잡고서 죽길 희망한다는 답변을 했다고 한다. 이것은 모두의 공통된 바람일 것이다. 만약 재택사가 이루어지지 않는다면 병원에서 안락사하고 싶어하고, 그것도 무리라면 적어도 무의미한 연명치료만은 받고 싶지 않다고 많은 사람들이 희망할 것이다. 빈사상태의 인간 생명을 모든 수단을 써서 무익하게 늘이는 것을 그리스어로 '카타코나시아'라고 하는데, 병원에서의 죽음이 바로 이 카타코나시아를 연상시킨다.

50년 전만 해도 일본인의 80%는 자택에서 사망하고, 20%가 병원에서 숨을 거두었다. 그러나 지금은 역전되어 80%의 사람이 병원에서 마지막을 맞고 있다. 일본에서 재택사의 비율이 가장 높은 현은 나가노(長野)현으로, 그 중에서도 농촌의학으로 유명한 사쿠마치(佐久)종합병원에는 20년 전부터 지역간호과가 있어서 신속한 방문진료나 방문간호를 통한 의료행위가 시행되어 왔다. 하지만 그런 지역에서도 재택사의 비율은 겨우 50%에 지나지 않는다.

사쿠마치 병원의 조사에 따르면, 본인의 희망이 재택사라 하더라도 환자 가족에 대해 설문조사한 바로는 자택에서 환자를 간호하고 싶다고 생각하는 사람과 그렇지 않은 사람의 비율이 2:1로 나타났다고 한다. 자택에서 간호하고 싶어하는 가족의 경우에는 환자가 재택사했을 때 가족의 만족도가 높은 데 비해서 간호하고 싶지 않은 가족의 경우에 환자가 재택사했을 때는 만족도가 낮아 양극화의 경향을 보였다. 즉, 재택사가 가족의 만족도와 비례하는 것은 아니란 얘기다. 집에서 죽는 것은 무섭다, 마지막은 병원에서 간호할 수 있었으면 좋겠다고 생각하는 가족도 3분의 1 이상 있는 것이다.

이런 환자 가족의 의식은 재택의료나 재택간호 관리상태에 따라서 달라지는데, 일본의 현 상황에서는 모두가 만족할 만한 재택의료는 이루어지고 있지 못하다. 앞으로는 복지시설의 그룹 홈(Group home, 신체장애자들의 집단주거시설)이나 유닛 케어(Unit care, 10명 전후의 치매노인들이 생활하는 공간을 하나로 구성하여 환자와 스텝들이 함께 생활하는 공간) 등에서의 사망도 늘어날 전망이다. 일본복지대학 교수인 곤도 타카노리(近藤克則)는 재택사의 과제로서 4가지를 제시하고 있다. 주위의 이해와 본인의 명확한 의사표시, 간호가 필요한 사람의 재택의료를 지원해줄 충분한 서비스, 재택사를 도와줄 프로그램, 그것을 유지하는 진료보수(診療報酬)이다.

최후를 맞는 장소가 어디든 간에 이 세상에서 사라질 때 누가 손을 잡아주기 바라는지, 어떻게 삼도천(三途川, 역자 주 : 불교에서, 사람이 죽어서 저승으로 가는 길에 건너게 된다는 강)을 건널 것인지 생각해두는 것

식사로 암을 예방한다

이 삶을 제대로 사는 비결이라고 생각한다. 또한 자신이 죽은 후라도 주위사람들의 삶을 걱정해주고 행복을 빌어주는 당신의 마음이 결국은 당신이 살아온 발자취를 가족의 기억 속에 각인시키게 될 것이다. 이것은 몸만이 아니라 마음을 연마하는 일도 게을리 하지 않으며 살아온 사람이라면 어려운 일이 아니라고 생각한다.

암을 모르는 생활

참고문헌

黑木登志夫 / 『암 유전자의 발견』 / 中公新書 / 1996년

小林博 / 『암 예방』 / 岩波新書 / 1989년

杉村隆 / 『암이여! 교만하지 말라』 / 岩波現代文庫 / 2000년

杉村隆 / 『발암물질』 / 中公新書 / 1982년

西滿正, 山根一眞 / 『암에 걸리는 위험한 음식상극』 / 靑春出版社 / 1985년

前田浩 / 『야채는 암 예방에 효과적인가?』 / 菜根出版 / 1995년

大澤俊彦, 大動肇, 吉川敏一 편저 / 『암 예방식품』 / 씨엠씨 / 1999년

渡邊昌 / 『일본인의 암』 / 金原出版 / 1995년

渡邊昌, 竹內富貴子 / 『암이 걱정되는 사람의 식사』 / NHK출판 / 1996년

Doll R., Peto R. / 靑木國雄, 大野良之 번역 / 『암은 어느 정도 피할 수 있는가?』 / 名古屋大學出版會 / 1991년

『후생지표 국민위생의 동향』 / 후생통계협회 / 2000～2003년

생명과학진흥회 홈페이지 http://www.life-science.jp/fff/

Healthy People 2000 Final Review, Healthy People 2000: National Health Promotion and Disease Prevention Objectives, Department of Health and Human Services, Centers for Disease Control and Prevention, National Center for Health Statistics, October 2001.

U. S. Department of Agriculture, Center for Nutrition Policy and Promotion. The Food Guide Pyramid, Home and Garden Bulletin Number 252, 1996.

American Institute for Cancer Research and the World Cancer Research Fund, Food, Nutrition and the Prevention of Cancer: a Global Perspective, 1997.

Dietary Goals for the United States, A Natural Way, 1996-2003. (http://www.anaturalway.com/dietarygoals.html)

Nutrition and Your Health: Dietary Guidelines for Americans Fourth Edition, U.S. Department of Agriculture, U.S. Department of Health and Human Services, December 1995.